# 女人趁早要知道 2

BEING A WOMAN SHOULD NOT BE

# TOO HONEST

女人会做事，还要会来事

吴静雅◎著

中国言实出版社

**图书在版编目(CIP)数据**

女人会做事，还要会来事 / 吴静雅著. -- 北京 : 中国言实出版社，2013.11

（女人趁早要知道；2）

ISBN 978-7-5171-0233-5

Ⅰ. ①女… Ⅱ. ①吴… Ⅲ. ①女性－成功心理－通俗读物 Ⅳ. ①B848.4-49

中国版本图书馆 CIP 数据核字(2013)第 252710 号

**责任编辑**：文涓涓

**出版发行** 中国言实出版社

地　址：北京市朝阳区北苑路 180 号加利大厦 5 号楼 105 室

邮　编：100101

电　话：64966714（发行部）51147960（邮　购）

64924853（总编室）64924745（四编部）

网　址：www.zgyscbs.cn

E-mail：zgyscbs@263.net

**经　　销** 新华书店

**印　　刷** 天津鑫旭阳印刷有限公司

**版　　次** 2014 年 2 月第 1 版　2023 年 10 月第 2 次印刷

**规　　格** 640 毫米×960 毫米　1/16　16 印张

**字　　数** 210 千字

**定　　价** 29.80 元　　ISBN 978-7-5171-0233-5

# 目 录
CONTENTS


## 第一章
## 世态炎凉，太老实的女人最容易被抛弃

1. 老实人吃亏，老实女人更吃亏 / 002
2. 老实的女人太单纯，常被人耍得团团转 / 004
3. 老实的女人直来直去最容易得罪人 / 007
4. 老实的女人不会“伪装”，难以在公司立足 / 010
5. 世态真的很炎凉，女人要懂点儿世俗 / 014
6. 该装傻时就装傻，该聪明时绝不含糊 / 016
7. 用点心计——当圆则圆，当方则方 / 019
8. 醒醒吧，不要指望用身体留住爱情 / 023
9. 只有独立起来，女人才不会沦为别人的奴隶 / 026

## 第二章
## 职场复杂，女人太老实难立足

1. 同事之间无密友，交浅言深很危险 / 030
2. 锋芒太露容易没饭吃 / 032
3. 切忌在办公室树敌 / 035

4. 巧妙应付男同事的想入非非 / 038
5. 站队是一门很深的学问 / 040
6. 宁得罪十个君子，不得罪一个小人 / 043
7. 巧妙对付“扎针儿”的同事 / 046
8. 有理也要让三分，得饶人处且饶人 / 048
9. 不要显示你比别人聪明 / 050
10. 事事做到最好是不可能的 / 053

## 第三章
## 女人会做事，还要会来事

1. 在职场上，仅仅靠真本事吃饭是不够的 / 056
2. 左右逢源，不做办公室政治下的炮灰 / 058
3. 性别优势是你不可忽视的一张王牌 / 060
4. 当领导遭受挫折时，要和他站在一起 / 063
5. 到位而不越位，永远不要抢上司风头 / 065
6. 可以扮亲近，但不能玩暧昧——如何应对上司的邪念 / 067
7. 与男性同事相处，注意保持最佳距离 / 070
8. 与女上司打交道要注意哪些细节 / 073
9. 除非不想混了，否则不要跟上司唱反调 / 075
10. 适当犯点小错，领导指点你时要谦虚接受 / 078

## 第四章
## 人际关系决定你的富贵命

1. “攀龙附凤”——女孩的处世必修课 / 082
2. 辩证地看待“一切靠自己” / 085

3. 贵人相助，麻雀也能变凤凰 / 088
4. 慧眼识人，找出那些隐藏在普通人中的“贵人” / 091
5. 多结交一些优势互补的朋友 / 093
6. 不怕拒绝，主动出击——拓展人际关系的不二法门 / 097
7. 从生活细节中了解朋友的个性 / 100

## 第五章
## 察言观色——聪明女人一眼读懂人心

1. 女人要想成功，先学会察言观色 / 104
2. 言谈习惯最能透露一个人内心的秘密 / 106
3. 撒谎者大都会看你的眼睛 / 111
4. 如何透过装扮看透他人的本质 / 113
5. 如何从对方的喜好透知他的性格 / 116
6. 如何读懂上司的身体语言信号 / 120
7. 透过办公桌细节看透你的同事 / 123
8. 情场识人，两性关系中的身体语言信号 / 126

## 第六章
## 掌握主动权——做女人要懂点攻心智慧

1. “1 分钟内”散发出你最大的魅力 / 130
2. 透露点秘密，让他人感到你是“自己人” / 132
3. 偶尔暴露一下缺点，别人更容易接受你 / 134
4. 想获得别人的好感，就别把精明挂在脸上 / 136
5. 让别人做主角，自己心甘情愿当配角 / 138
6. 少数人才懂的攻心智慧：投其所好 / 140

7. 善用同理心，女人社交更顺利 / 142
8. 打一巴掌，再给个甜枣，效果更好 / 145

## 第七章
## 会说话的女人最强大：聪明女人最想学的说话技巧

1. 会说话的女人走到哪儿都吃香 / 148
2. 女人怎么说，男人才肯听 / 150
3. 到什么山上唱什么歌，说话看对象 / 153
4. 话要从对方得意的事情说起 / 156
5. 点到为止，有些话不能说得太透 / 158
6. 恭维对方时，要找准其穴位 / 160
7. 做个有幽默感的女人 / 163
8. 不会说“不”，永远都难成高手 / 166

## 第八章
## 别傻了！ 有些男人是靠不住的——做女人经济要独立

1. 嫁个有钱人，不如自己变有钱 / 170
2. 女人经济不独立，必受他人牵制 / 172
3. 有财力的女人才能活出优雅 / 175
4. 通往财务自由的第一步——对钱负责任 / 178
5. 聪明地消费，拒做“buy 金女” / 180
6. 让信用卡成为“可持续幸福”的来源 / 183
7. 聪明女人会投资——钱生钱才能赚大钱 / 186
8. 准备好三大资产，就能一辈子不缺钱 / 188
9. 一生都富足——多金又自由的秘密 / 191

## 第九章

## 气质如兰，风韵长存——修炼柔情似水的女人味

1. 优雅的外在形象是你的第一张名片 / 196
2. 风情万种，比美丽更胜一筹 / 198
3. 做个柔和女人——最是那一低头的温柔 / 201
4. 时尚让你永远成为焦点 / 204
5. 妆容，千娇百媚女人的精“妆”术 / 206
6. 注意十个小细节，你的气场就会变强大 / 208
7. 如何使用“眼泪”这个软武器 / 212
8. 爱撒娇的女人，才会招来男人疼 / 216
9. 优雅不仅仅是穿着与妆容，更是才能与学识 / 218

## 第十章

## 学会占有男人的心

1. 善用你的红颜资本 / 222
2. 做个调配爱情的高手 / 224
3. 含羞带笑，让男人对你欲罢不能 / 228
4. 若即若离，让男人永远兴致盎然 / 230
5. 甜言蜜语：永不过时的情场法宝 / 234
6. 暧昧恰到好处，才能赢得男人心 / 237
7. 过度地迎合男人是不幸的开始 / 240
8. 美貌让男人停下，智慧让男人留下 / 242

# 第一章

## Chapter 1

## 世态炎凉，太老实的女人最容易被抛弃

在这个物质至上的丛林里，人性的自私表现随处可见。所谓“人不为己，天诛地灭”，如果女人太老实，那么必然会吃亏；所谓“防人之心不可无”，如果女人太过单纯，那么势必会被骗；所谓“世态炎凉，人情冷暖自知”，如果女人没有心机，那么将很难适应这个复杂的社会。所以，做女人不要太老实，做女人要懂人情世故，要有心机智慧。

## NO.1 ↘老实人吃亏，老实的女人更吃亏

古人说得好："人善被人欺，马善被人骑。"在这个年代，"老实"一词很难说是褒义词，当别人说你老实时，表面上是夸你踏实肯干，实际上无异于骂你是个"大笨蛋"。因为事情都是你做的，好处却是别人的。原本是个机会，因为你老实，你会没勇气抓住；原本是你的功劳，因为你老实，你不敢争取。就这样，你任劳任怨地干、一忍再忍，傻傻地以为你的付出别人看得见，天真地以为好人有好报，可结果呢？

在工作中，李川不爱计较，不爱张扬，领导分配的工作他都会默默地去做。就算明知道领导安排工作不合理，就算自己忙不过来，他也笑呵呵地接受。如果李川工作做得好，领导会在老板面前说那是他的功劳；如果李川没做好，老板追究责任，领导就会把责任推到李川身上。李川为此吃过不少亏，但每次都打掉牙往肚里吞。为什么呢？因为他老实，觉得领导平时对自己有一些小恩小惠，比如，给他一些茶叶、几包香烟、夸他工作踏实等等。

不过，李川也有感到不爽的时候，尤其是看不惯公司有些人偷懒，不把心思放在工作上，而是经常溜须拍马。李川不会这么做，他经常喜怒形于色，除了埋头苦干之外，还是埋头苦干。为此，他老婆没少抱怨，但是李川总是说："付出总有回报，总有一天会得到重用。"

老实的李川踏踏实实地干活，最后却吃了哑巴亏。这年头，如果你还单纯地以为付出就有回报，于是默默无闻地工作，那你就大错特错了。作为男人，李川被老板忽悠了，作为女人的你，是否该引起警惕呢？要知道，老实人吃亏，老实女人就更吃亏了，而且有时候亏的不只是金钱，还可能是最宝贵的青春年华和一辈子的幸福。

海涵在北京工作时，结交了男朋友，并同居在一起。两人就这样同居，男朋友从不提结婚的事情，他总是对海涵说："我要多赚些钱，等我有钱了再结婚，你就不用受苦受累了，到时候你就在家带孩子。"后来，男朋友的钱包鼓了，但对她也渐渐冷淡了。海涵发现男朋友经常夜不归宿，经过暗中了解，她发现男朋友和另外几个女人有染，甚至还和另一个女人在外面同居了很久。

这还了得？海涵非常气愤，找到那个女的，大骂她是不要脸的小三。那个女的却理直气壮地说："找我干什么，你看不住老公，你老公爱和我过，关你什么事？"

听了这话，海涵又气愤地骂男朋友："你真没良心啊，明明和我生活，为什么还在外面鬼混？"没想到男朋友居然说："我又没有和你结婚，我凭什么不能有新的女朋友，你管得着吗？"

海涵听了这话，心都碎了。就这样，她和男朋友分手了，但是这时她发现自己怀孕了……

做人实在没有什么不好，但是作为女人，如果太过天真单纯，轻易相信男人的花言巧语，相信男人的承诺会兑现，那就太傻了。海涵就是典型的倒霉女人，生活中，这样的女人并不少。为什么她们会吃亏上当，落得个狼狈下场呢？原因就是她们太老实，太单纯，没有心机，没有防人之心，轻易地把自己交给男人。

当然，老实的女人吃亏不仅局限于爱情婚姻方面，在人际交往、职场工作等方面，一样会吃亏上当。比如，胆小怕事，安分守己，别人得罪了自己，也不敢反抗；对于别人的一点小恩惠，都会记在心里。这种人在单位里往往是最好的被欺压对象。

老实的女人在群体中不受重视，没有什么影响力，也很难出类拔萃。有机会没有勇气去把握，有能力却不敢表现，有功劳却不敢争取；老实的女人不懂得运用技巧和手腕，在处理人际关系上不够圆融，不容易成为一个受人欢迎的人；在利益分配方面，老实人往往处于任人宰割的地位，别人吃肉她喝汤，甚至连汤都没得喝。

老实人吃亏之后，往往会用“吃亏是福”来安慰自己。如此循环往复，永远难有出头之日。总而言之，老实人吃亏，老实女人更吃亏。如果你不想永远成为吃亏、被耍、上当的女人，那就从这一刻开始和“老实”说“bye bye”吧！

## NO.2 ↘老实的女人太单纯，常被人耍得团团转

有这样一句话，是用来形容一个人愚蠢的：“被人卖了还在替别人数钱。”试想一下，当一个人被人卖了，他还在乐呵呵地替人家数钱时，这是多么可悲的场景。然而，老实女人就是这样的女人，因为太过单纯，没有心机，不懂得明辨是非，经常被人耍得团团转。

在某长途汽车上，有个看似傻傻的男乘客喝完饮料，发现瓶盖上有中奖的字样，于是兴奋地大笑。旁边有两个乘客就问那个“傻男”中了什么奖，那人对照瓶体上的中奖活动说明，才发现中奖金额高到1万元。于是，旁人惊呼“真是傻人有傻福”。

只见“傻男”挠了挠头，有些为难地说：“我不知道去哪儿兑

奖，谁知道？告诉我吧！”这时有个人道貌岸然地主持公道：“你不知道去哪儿兑奖，要不你把这个瓶盖给我，我给你一些钱，行吗？”

给多少钱呢？“傻子”想了一下，说：“给我500元钱吧，有500我就知足了。”此时，车厢里的某些乘客已经蠢蠢欲动了，那个主持公道的人说：“不是吧，我身上没有那么多钱，谁有钱啊，谁买下这个瓶盖，再去兑奖，多值啊！”

车厢里的小梅心想，花500元钱就能兑奖1万元，这买卖太合算了。于是她表示愿意给那个“傻男”500元，给完钱小梅还连声道谢，仿佛真的赚到了大便宜一样。结果呢？结果小梅下车之后，才发现这是个骗局，1万元奖金是假的，她气愤地大骂骗子没良心。

谈到骗子，人们总是恨之入骨。生活中，骗子利用人的单纯和贪欲心理总是屡屡得逞。骗子骗走了我们的辛苦钱固然可恨，可是我们单纯地以为天上会掉馅饼，结果被人耍得团团转才叫可悲。为什么骗子骗的是你，而不是别人呢？因为你太单纯了。女人最怕太单纯，单纯的女人容易轻信别人，没有分辨是非的能力。这是非常可悲、可怕的事情。

除了骗子骗人钱财，生活中，还有很多种欺骗，不用想，倒霉的还是老实人。老实人听到老板一句“满一年我给你涨工资”就信了，也不知道涨多少工资，更不知道满一年之后的哪天给自己涨工资。这是职场中的欺骗，还有情场、婚姻中的欺骗，以及人际交往中的欺骗，骗得都那么道貌岸然，骗得都那么逼真，最终受害的往往还是老实人，尤其是老实女人。

春芳在某公司做会计，今年的工人普遍都涨工资了，她却没有涨工资。老板对她说：“你来公司才半年，我怕给你涨工资，老员工对你不服，等你工作满一年我再给你涨工资。”

春芳是个老实人，以为老板说话算数，就点点头，说：“知道了，没事。”

很快，又过了半年，春芳工作满了一年，老板给她涨工资的承诺却如石沉大海。不但如此，老板还把出纳的事情也交给她做，她心里知道不能兼任出纳的工作，但是转念一想，老板是信任自己，才让自己兼任出纳工作的。于是，就毫不犹豫地答应了。就这样，春芳一个人干了两个人的活。每天忙得晕乎乎的，连一句怨言都没有。有时候加班到 9 点，老板虽然看在眼里，但并没有把她放在心上。

有一天，春芳听说老板把仓库管理员的工资从 1500 元涨到了 3000 元，她顿时惊呆了。她想不明白到底为什么，为什么自己每天做那么多工作，工资还不如一个仓库管理员。可是她太老实了，不好意思跟老板提涨工资的事情，就这样，她变得郁郁寡欢。

突然有一天，老板把春芳叫到办公室对她说：“最近公司的财务出现异常问题，我听有人反映，你既做会计，又做出纳，可能是你从中做了手脚，贪污了钱，你对这件事是怎么看的?”

春芳脑子一下懵了，气愤地叫道：“谁说的？把他叫来，让他拿出证据来？我每天辛苦地工作，一个人干两个人的活，你没有看到吗？你承诺工作满一年给我涨工资，你兑现了吗？现在还冤枉我，有你这样的老板吗?”

一顿发泄之后，老板的情绪也起来了，他吼道：“不想干就马上滚，我不稀罕你。”就这样，春芳失业了。

事后春芳百思不得其解，以为有同事陷害自己，但是公司里一个要好的上司却对她说：“根本不是同事陷害你，而是老板想辞退你，故意找个借口的。”这时春芳一想，才恍然大悟：“是啊，老板担心我去提涨工资的事情，所以，先下手把我辞退，让我廉价地给他打了一年工。

或许你还只是一个 20 几岁的女人，单纯一点并没有错，但是在这个复杂的社会关系中，你要想在世俗的社会中生存，就要学会保护自己，学会防止被人玩弄。你可以表面单纯，但是不要真的单纯。你也可以有点单纯，但是不能太单纯，你的内心一定要留点心机，以识破陷阱、谎言，从而保护自己不受伤害。

古人云：“人之性恶，其善者伪也。”说的是，人的本质看起来是善的，但那是他努力装扮的结果，人性本质还是恶的。虽然这个观点有失偏颇，但它无不告诉老实女人这样的道理：做人不能太单纯，做人要有心计，以防止被恶人所害。否则，就可能像小梅和春芳那样被耍得团团转。

## NO.3 ↘老实的女人直来直去最容易得罪人

如果问你：“你喜欢和说话直接的人交往，还是喜欢和说话拐弯抹角的人交往?”你一定喜欢前者。生活中，每个人都希望自己身边的人说话直爽，甚至肝胆相照，但是我们又不喜欢说话口无遮拦，太过有口无心的人。由此可见，说话太直来直去也不容易受我们欢迎。

然而，偏偏老实的女人说话特别直接，好像她们的思维不会转弯一样，非要直筒子说话才感觉爽。可是她们自己爽了之后，别人就不爽了。无论是在职场中，还是在生活中，这种直来直去的女人都特别容易得罪人，搞得人际关系经常陷入紧张。

黄琳是个老实人，说话特别实在。一天，在公司的集会中，她看到一个胖胖的女同事穿了一件紧身的新装，她觉得同事这身着装与她的身材不相称，就说："你这件衣服很漂亮啊，但是穿在你身上，就像在水桶上捆绑了一层色彩艳丽的布，因为你太胖了。"

女同事听了黄琳这么说，气得脸通红，从此再也没有理过她。其实黄琳并没有恶意，她在说这话之前，并没有意识到会伤害同事的面子。因为她说话直来直去，她在公司得罪了不少人，职位还在原地踏步。比她晚进公司的同事都成了她的顶头上司。另外，大家虽然经常评价她是好人，但是她在公司的朋友并不多，她并不怎么受大家的欢迎。

人们常说男人爱面子，其实女人也要面子。黄琳在大家面前那样说同事，同事生气是肯定的。这个事例告诉我们，说话要注意场合，注意措辞，要三思，因为说话太直接容易得罪人。如果我们说老实的女人不会说话，她们肯定会生气，但实际上，说话是一门学问，其中有一点就是说话不能太直来直去。不信，请看下面的两个笑话：

笑话1：

有个老实的女理发师的理发店遭贼了。第二天，有个老顾客来她店里理发，顾客见她发愁，就问怎么回事。女理发师说："昨天晚上，我的理发店遭贼了，贼把我挣了一个月的钱都偷走了，我这是替贼剃了一个月的头啊。"老客户听了这话，气得马上走了。

笑话2：

有个家庭妇女去菜市场买菜，走到卖肉的摊位前，对卖肉的说："师傅，您的肉多少钱一斤？"这话多难听啊！

看了这两个笑话，你还认为说话是简单的事情吗？

老实人经常控制不住言语，掩饰不了自己的情绪，不管什么场合，也不管和谁说话，想到什么就说什么，从来不考虑所说的话会引起什么后果；老实人特别实在，喜欢就说喜欢，不喜欢就说不喜欢，一点情面都不给别人留。试问，这样怎么可能受人欢迎呢？

可以说，在客客气气的人际交谈中，直话直说是最忌讳的事情。如果你的直言直语纯粹是一派胡言，那么对方可能听了不说什么，但是心里却对你一百二十个不满；如果你的直言直语是鞭辟入里的分析，那么会直戳别人的痛处，让当事人不得不奋起自卫，当事人也不会喜欢你。

所以说，无论你的直言直语是不是有道理，都无益于维护你的人际关系。别人会纷纷远离你，生怕被你的直言直语戳痛；别人也可能不约而同地孤立你、排挤你，把你赶得远远的，免得见到你心烦。相信你不希望成为被大家痛恨的人，那么就赶紧改变直话直说的表达方式吧！

方法1：灵活变通，直话变个法子说。

有这样一个故事：

两个年轻人在一所修道院修道，他们有一个共同的习惯——抽烟。为了能过把烟瘾，第一个年轻人去问老院长："我能在祷告的时候抽烟吗？"结果，老院长狠狠批评了他一顿。

第二个年轻人问老院长："请问，我能在抽烟的时候祷告吗？"结果，老院长夸奖了他一番，称赞他虔诚。

同样是一句话，由于说法不一样，其效果截然不同。有道是，一句话能把人说笑，一句话能把人说跳。所以，说话之前先思考一下怎么说别人才爱听，要善于揣测听话者的心理，然后变个法子把你的意图表达出来，这样就避免自己碰壁，避免引起别人不快。

方法2：多兜圈子，少碰钉子。

老实人直言快语，容易得罪人，这样往往达不到效果。不妨试着兜圈子，委婉地表达自己的意思，这样或许更有效。有这样一个故事：

有个女人给丈夫做了一锅红枣饭，丈夫回来后吃到红枣饭，特别高兴：“这枣真甜啊，哪来的？”女人说是乡下的姑妈捎来的。

丈夫不无感慨地说：“姑妈真是好啊，年年给我们捎枣来！”

女人说：“是啊，我从小失去父母，是姑妈把我抚养大的。”

丈夫说：“她真不容易啊！”

这时女人忽然叹了口气，说：“听捎枣的人说，姑妈最近生病了，我想……”

“那就接来和我们一起住吧，方便我们照顾她。”女人的话还没说完，丈夫就说出了女人想说的话。

从这个故事中，我们看到了兜圈子的作用，它不显山、不露水地表达了自己的意思，避免造成麻烦，避免了碰钉子，是非常有效的说话术。

方法3：拿捏不好时干脆别说。

说话之前要酝酿一下，思考一下怎样表达，如果拿捏不好措辞，干脆不要说，免得说错了话得罪人。常言道：“言多必失。”“祸从口出。”对于不该说的话，拿捏不好的话，干脆不说为妙。

## NO.4 ↘老实的女人不会“伪装”，难以在公司立足

老实人的最显著特点是做人真实，做事死板，说话直率。做人太真实容易被人看透，你心里所思所想别人一清二楚，你所喜所怒

别人心知肚明；做事太死板容易碰壁，碰得头破血流都达不到办事的目的，反而还会得罪人；说话太直率伤人面子，无形中给自己树敌。所以，女人太老实很难在公司立足。

反观那些在职场上左右逢源、八面玲珑、风光无限的女人，哪一个是老实巴交、直话直说的？她们的特点是：经常面带微笑，即使内心充满怒火，也不忘记“笑里藏刀”；总是和气待人，哪怕对待自己讨厌的人；懂得用积极的词语评价周围的人和事，哪怕自己心里根本不是这么想的；善于投其所好，总能让别人感到愉悦。所以，她们的人际关系好，职业前途一片光明。

王娟在公司里非常受人欢迎。她的嘴巴像是抹了蜜一样，总是说好话评价身边的人和事，所以大家都愿意和她聊天。王娟的口头禅是“还不错嘛”，这句话在节奏紧张的职场中仿佛有化腐朽为神奇的功效，在不经意间就能带给别人轻松感。

那天，同事张姐气喘吁吁地冲进办公室，一边解外套的扣子，一边用手中的考勤卡扇风，嘴里还抱怨着：“从来没见过这么慢性子的司机，开个公交车慢得像蜗牛，前方道路车那么少，他都不敢开快，气死我了，要不是我一阵狂奔，我就迟到了，真悬啊！”

“还不错嘛！”王娟接话道，“还不错，没迟到就好，虚惊一场吧！那司机好像特意为你算好了时间啊，不是还富余1分钟吗？”

李大姐听王娟这么一说，不由得笑了起来，“嗯，就当是跑步减肥了。”

每天王娟都会说很多遍“还不错嘛”，当同事让她给自己的报告提点建议时，她看完报告首先会说：“还不错嘛！”然后，再提出建议；当领导制定公司目标、安排任务时，她会用“还不错嘛”来附和领导，以表达支持的态度；当同事遇到烦心事时，她依然会用这句话宽慰同事。大家都很喜欢王娟，有人说她是大家的“开心果”。

王娟爱说“还不错嘛”，说这话的背后心理是怎样的呢？恐怕她心里不完全是这么想的吧！她在说这话的时候，或许有相当的成分是在伪装自己的真实态度。这就是她的聪明之处，懂得把自己最真实的想法用“还不错嘛”这几个字包裹起来，从而给自己赢得了一个和谐的人际关系。

老实女人就应该向王娟学习，学会适度伪装自己，避免做人太真实、太直白。但是怎样伪装自己呢？这是需要讲究策略的，下面就来介绍几个伪装自己的策略。

方法1：展现笑容，伪装自己的表情

人们常用“笑里藏刀”比喻外表和气、内心阴险的小人。在这里，我们并非建议老实女人内心阴险，而是建议老实女人面带微笑，外表和气。我们知道，老实女人经常把喜怒哀乐写在脸上，和喜欢的人在一起会开心，和不喜欢的人在一起就不开心，这样别人一眼就看透了她们的内心，不利于建立良好的人际关系。所以，老实女人要善于伪装自己的表情，要让自己看起来是个有亲和力的女人，这样对培养好的人缘是非常有必要的。

方法2：假装喜欢，学会接受你看不惯的一切

老实女人直言快语，从来不避讳自己的喜好，喜欢什么就夸赞，不喜欢什么就直接表达不满。比如，老实女人会说：“他可真怪，居然会穿这种衣服，真难看！”“如今这世道怎么这样，怎么看都不爽……”生活中，老实女人会说直话，很容易得罪人。因此，假装喜欢、笑脸相迎对待身边的人和事，而不是用一双尖锐的眼睛挑剔周围的一切，这是老实女人避免得罪人的不二法门。

方法3：假装和气，学会和你不喜欢的人相处

在生活中、在公司中，我们总会遇到一些让自己心生厌烦的人。之所以不喜欢那些人，可能是因为利益与之对立，可能是对方有不好的习惯，可能是对方曾坑害过自己。总之，当见到这些人时，我们都会产生厌烦。

但是，老实女人要明白，如果你想在职场立足，想在公司混下去，就别把这种“不喜欢”挂在脸上。否则，你就是明摆着和对方过不去，是在与他们为敌，这叫没事找事。聪明的做法是假装和你不喜欢的人一团和气，学会和他们相处。要知道，在公司里你们经常要打交道，说不定以后你需要他们的帮忙，甚至说不定哪天他们成为你的上司。所以，千万不要和他们对立。

方法4：投其所好，让别人喜欢你

在人性的丛林中，每个人都有不同于你的性格与爱好。因此，要想让别人喜欢你，我们就有必要了解别人的兴趣爱好，找到别人感兴趣的地方，然后适度迎合别人。

南宋韩太师权倾朝野，势力庞大。有一次，韩太师到南山游玩，当地府尹赵从善陪同他在一间茅草屋前，韩太师停了下来。他看了看茅草屋和竹篱笆，感慨道：“真有农家田院的味道，只可惜少了一点鸡鸣狗叫声。”说完韩太师继续往前走。忽然，他听到身后传来鸡鸣狗叫声。韩太师回头一看，发现是府尹大人躲在草堆里模仿鸡狗的叫声。一时间，他笑得前仰后合。正是这种投其所好、阿谀逢迎，使得赵从善赢得了韩太师的好感。

老实女人看了这个故事，想必会为赵从善的不老实行为感到不耻，我们不必模仿赵从善，为了讨好别人，低贱到失去自己的人格。但是，我们适当迎合别人的兴趣爱好，让别人开心一笑又有什么不可呢？这就叫投其所好，目的是让别人感到自然愉悦，对你充满信任，这样你才能达到办事的目的，才能达到结交人脉的目的。

## NO.5 ↘世态真的很炎凉，女人要懂点儿世俗

生活中，我们经常会听到年轻的女孩说这样的话：“开口是钱，闭口是钱，你俗不俗啊?”“不要那么世俗好不好? 我的爱很纯粹。”“我不在意他能给我多少物质，否则，我和卖身有什么两样?”年轻人涉世不深，不知道世态炎凉，总是把生活想象得很美好，把爱情想象得很单纯。

等到年轻的女孩走入社会，经历了职场、婚姻、家庭之后，慢慢成熟起来时，再蓦然回首，才发现当初的自己是多么老实单纯，多么幼稚天真。有些女人甚至为当初的“不世俗”后悔，而有些女人则会庆幸当年有那么一点世俗，才不至于使自己的后半辈子过得狼狈不堪。那么，女人世俗到底好不好呢?

韩国新生代实力派美女作家南仁淑曾说过：“二十几岁学会世俗，才不会在三十几岁劳碌。”虽然很多人都讨厌“世俗”这个词，认为世俗就是现实、物质、庸俗，认为世俗就是注重金钱、名誉、人气、地位、权力等，但是世俗并没有错，关键是要把握好“度”。作为女人，一定要学会世俗，因为世态真的很炎凉。

有这样一个女孩。十年前，她与一个男孩相爱，尽管男孩家里穷得叮当响，尽管女孩的父母极力反对，尽管女孩的闺蜜反复劝说“没有面包的爱情是靠不住的，没有物质的爱情是无法长久的”，但是她义无反顾地选择了这个穷男友。她说只要有爱情，什么困难都可以克服。父母劝她：“女儿，有爱情是好事，但总不能天天饿着肚

子过日子吧，爱情不能当饭吃啊！”可是，崇尚爱情的她根本听不进去。

亲朋好友给她介绍了一个家境优裕的对象，但是她却用鄙夷的眼神看待这件事，认为亲朋好友太现实，只知道物质和金钱，太粗俗不堪了，甚至觉得和这些亲朋好友相处降低了自己的人格，玷污了自己的人品，是一种折磨。

和男孩结婚之后，女孩对男孩说，我们一定要通过努力改变贫穷的现状。为此，她真的很努力，她想证明给亲朋好友看。但是10年过去了，她的生活并没有多大的改观。也许是她和老公的努力还不够，但真正的原因是他们的物质基础太薄弱了。对别人而言，只是一个小小的不幸，但是对他们来说，却是一个巨大的困境。

在这10年间，她的辛苦是同龄的那些所谓的世俗女的几倍。年过30了，当她看到昔日的那些朋友住着宽敞的房子，过着优裕的生活时，她还在和老公为房子而奋斗。有时候，她会为不能给年迈的父母提供好的生活条件而感到不安，也为不能让自己的孩子穿上更多漂亮的衣服而失落。不过，唯一值得欣慰的是，她的爱情没有变质。如果有一天，这份浓浓的爱变质了，真不敢想象她如何面对这个现实。

很多没有吃过苦的年轻女孩总喜欢把未来勾画得非常美好，总是以“清纯”自居，相信“有情饮水饱”，随时准备迈进美好的爱情生活。与此同时，把有钱有能力的老公、豪宅、名车、安定的生活等视为世俗的追求。其实，对女人来说，持有这种观念并不明智。

上面的故事并不是要我们抛弃真爱，去追求金钱和物质，它只是告诉了我们一个道理：人生而世俗，只是很多人年轻、单纯，没有认识到这一点。如果20岁没明白这个道理，等到30岁才明白这个道理，或许你的人生会多一些忙碌和艰辛。

女人要明白，人和人的区别其实不大，大多数人都是普通人，都是吃饭穿衣长大的，都要衣食住行。所以，要尽早成为一个能认清现实的俗人，这并不是要你抛弃自己的理想、真爱和责任感，去一味地追求虚荣，而是要你学会规划人生，选择更有利于自己人生发展、生活幸福的道路。

对女人来说，选择爱情是所有选择中最重要的一个选择。选择了一个什么样的男人，就意味着选择了什么样的人生。因此，在你的爱情还未开始之前，你要放弃单纯的思想，抛弃对物质和金钱的成见，学会适应这个现实的社会。

不管怎样，如果你能早一点学会世俗，那么你将来会活得更从容。因为学会世俗意味着诚实地面对生活，帮助自己过上想要的生活，做自己想做的事情。

## NO.6 ↘该装傻时就装傻，该聪明时绝不含糊

石油大王约翰·戴维森·洛克菲勒曾给儿子写过很多信，信中教了儿子很多做生意的技巧，还有很多做人的学问，其中有一封信的主题是“装傻也是一门学问”。他的意思是该装傻的时候要装傻，这就是我们常说的“难得糊涂”。

装傻是一门学问，也是一种技巧。它不是要人刻意作假，而是指为了某种需要适时地做出装傻之举，让别人看不透你的内心想法，从而避免得罪人，影响自己的人际关系，给自己带来不必要的麻烦。老实女人心直口快，说话不绕弯子，不说假话，很容易得罪人，因此，一定要学会该装傻时就装傻。看看下面的故事，你就知道装傻的意义何在了。

商代末期，纣王夜夜笙歌、日日沉醉，喝酒喝得忘记了当时是什么日子。他问左右的侍从，侍从们都说不知道。他又派使者去问箕子，箕子对使者推辞道："我喝醉了酒，我也记不清今天是什么日子。"

使者走后，箕子对自己身边的人说："身为一国之君，竟然让国人都忘记了时间，这个国家已经很危险了。一国的人都不知道是什么日子，只有我一个人知道，我也就很危险了。"

箕子心里非常清楚那天是什么日子，但是他却对纣王派来的使者说他喝醉了酒，记不清是什么日子。这就是典型的揣着明白装糊涂，为什么他要说假话呢？因为他要通过装傻来自保。这就是为人处世的智慧。

可以设想一下，如果箕子是个老实人，实话实说了，恐怕将给自己惹来杀身之祸。在当今社会，虽然说实话不会给自己带来杀身之祸，但是有些情况下会严重影响自己的人际关系，给自己的工作、生活、婚姻爱情带来阻碍。因此，聪明的你应该学会该装傻时就装傻。

学会该装傻时就装傻，并不等于你是傻瓜，恰恰相反，你是大智若愚。古代的朝野上，今天的职场中，有多少人因为不懂得装傻而锋芒毕露，功高盖主，抢了上司的风头而被打压，甚至招来杀身之祸？只有大智若愚的人才能适应这个社会，好好地生存下来。

在人际交往中，装傻可以为别人遮羞，给别人台阶下；在职场竞争中，装傻可以迷惑对手，让对手对你掉以轻心，然后你乘其不备而取胜。装傻是一种示弱，是一种宽容，更是一种高明的策略。懂得装傻的人才容易获得良好的人际关系，才容易获得成功。

对老实女人而言，实话实说、爱不加掩饰地表现自己的聪明无可厚非。但是如果你不那么厉害，又想表现得聪明，那么这种聪明就是小聪明。一个老实女人不懂得装傻，却爱卖弄小聪明，这是非常危险的。

陈雪是某公司的市场专员。一天，公司为新产品设计了几个Logo，老板把大家召集起来，让大家对这几个Logo发表自己的意见，以确定最终新产品的Logo。当大家在一起议论纷纷时，陈雪小声地对旁边的同事说："老板可不喜欢黑色。上次我们搞活动的时候，他就要我们把黑色的绸缎换成红色的。"证据确凿，论证合理，在陈雪的影响下，旁边几位同事纷纷对那个黑色的Logo持反对意见。

几天后，这件事传到老板耳朵里。老板得知此事之后，并没有批评陈雪，只是到了年底发放年终奖时，除了陈雪没有年终奖，其他员工都有丰厚的年终奖，而且大家都有不同幅度的加薪。

陈雪得知此事之后，愤怒地找老板理论，老板这时才漫不经心地说："当我让我的下属发表意见时，有个下属却自作聪明地把我的喜好说出来，以至于影响了大家意见的真实性。对于这样的下属，我既要给她发工资，还要研究她的心理活动，我也太不划算了。"

最后，陈雪带着愤愤不平的心情辞职了。

老实的陈雪自以为聪明，结果被小心眼的老板逼走了。人心险恶，你我都难揣测，我们要做的就是装傻，尽量让别人喜欢你，这样你才能更好地避免吃亏。

值得注意的是，叫你装傻并不是叫你永远表现得愚昧无知，而是说在该装傻的时候装傻。换言之，在该聪明的时候要聪明，这样你才能恰当地表现自己的才华，更好地把握机会，让自己走上成功之路。

赵燕大学毕业之后，在网上找到了适合她专长的工作，于是投了简历并在第二天得到了面试通知。那天上午9点，她按要求来到面试单位，可那时已有30位求职者排在队伍的前面，她是第31位。

看到眼前这么多竞争对手，赵燕心想：我怎样才能引起招聘领导的关注呢？她沉思良久后想出了一个主意：她拿出一张纸，在上面写了几行字，然后把纸折得非常整齐，再交给秘书小姐，并恭敬地说："您好，这个纸条上面有重要的内容，请你马上给你老板。"

"好啊，先让我来看看这张纸条……"秘书小姐折开纸条，情不自禁地微笑起来，并立刻站起来走进老板的办公室。结果，老板看了这个纸条也笑了。原来纸条上写着："尊敬的总经理，我排在队伍的第31位。在您面试我之前，请不要做任何决定。"最后，赵燕真的如愿以偿地得到了这份工作。

看了赵燕的聪明招式，你是否为她拍手叫好呢？对于很多老实女人来说，即使她们想到了赵燕的这个办法，恐怕也不会去实施，因为她们没有打破常规的勇气，更没有展现自己的信心。因此，老实人就更应该像赵燕学习。

该装傻时要装傻，该聪明时要聪明，这就是为人处世的变通智慧。变通的关键是明确什么时候该装傻，什么时候该聪明。只有这样，你才能变得越来越出色，越来越受人欢迎，越来越成功。

## NO.7 ↘用点心计——当圆则圆，当方则方

在你奔跑的时候，如果前面出现了一道悬崖，你会继续往前冲吗？在你行走的时候，如果前面有个坑，你会往里跳吗？不会，当然不会，否则就是傻瓜。可是，在人际交往中，明明知道直截了当、

一身正气地说话办事行不通，为什么老实女人还要那么做呢？结果碰了一鼻子灰，还得罪了人，败兴而归。说白了，老实女人缺少了变通和圆滑。

古语说得好：“水流不腐，人活不输。”一个懂得灵活处事的人，才能在人际交往中游刃有余，才能在为人处事中顺顺当当。因此，女人一定要学会圆滑、变通，要学会察言观色、看人行事，如此才能适应复杂的社会。当然，叫你圆滑、变通，不是让你老谋深算地坑蒙拐骗，而是说“当圆则圆”，学会曲线救国，而不要死心眼儿，一条道走到黑。

一家名气很大的文化公司推出两款一套系列产品，需要一系列的广告宣传。嗅觉敏锐的广告公司纷纷派出精兵强将前来谈广告业务，虽然他们说得天花乱坠，在价钱方面也给出不少让步，但是最后大都被这家文化公司的总经理婉言劝回，只有一家广告公司的业务员张颖让这个总经理满意。

那天，张颖代表公司去见那个文化公司的总经理，走进对方的办公室后，见墙上挂着醒目的Logo就说：“哟，你们公司的Logo设计真大气啊，看上去很有活力，很振奋人心，而且越看越有深度，有一种意味深长的感觉。”这样的开场白是那些前来拜访的广告公司代表中最精彩的。

“是吗？这是公司创立的时候，我亲自设计的。”文化公司的总经理听到张颖的恭维后，内心的自豪感油然而生，马上笑脸相迎，然后和她介绍公司Logo的设计比例、色彩调配以及它的内涵，其兴奋之情溢于言表。

聊完了公司的Logo，总经理才意识到不知道张颖前来的目的，于是问：“你来找我有什么事吗？”张颖笑着说：“总经理，我得知你们文化公司要做广告宣传，是特意来拜访你的，想了解一下你想做出怎样的广告宣传效果，看我们公司能不能为你公司做点什么。”

张颖的话里话外，充满了谦虚和恭维，让文化公司的总经理听得特别舒服，他笑着说：“就冲你这话，我愿意把公司的广告业务交给你们。来，我们商量一下具体事宜……”半个小时后，张颖拿着合作合同笑着离开了这家文化公司。

如果你是一名业务员，你上门拜访客户，张口就是谈业务，比如说：“您好，我是某某公司的某某某，我是来向你介绍什么什么业务的。”听到这样的话，客户可能已经开始酝酿怎么拒绝你了。可是聪明的张颖首先夸奖文化公司的 Logo，借此恭维对方总经理，赢得了对方的好感，然后顺利地谈业务。这就是灵活变通的智慧，这就是圆滑处世的技巧，所以，合作问题才迎刃而解。

其实，不但是谈业务、谈合作需要灵活变通，在日常的人际交往中，我们也应该学会圆融。比如，当你有求于人时，你可以根据他的性格、身份、地位以及当时的诸多因素来考虑对策。当对方对你的要求表现出拒绝的意思时，你千万不要急躁，不妨变直接的请求为迂回战术。你可以先谈对方感兴趣、得意的事情，然后假意奉承，只要你想办法让他高兴，事情就好办了。

梁启超曾经说过：“变则通，通则久。”灵活应变是一个人为人处世的最基本原则。对老实女人而言，学会灵活变通尤为重要。因为众所周知，老实人说话办事直接，不会绕弯子，不会兜圈子，更不擅长曲意逢迎、假意恭维，甚至打心眼里反感这种虚伪行径。其实真的没必要这样，只要能办成事，搞好人际关系，获得更好的人生成就，适当地圆滑处事又有什么关系呢?

再说了，让你圆滑处世、适当虚伪，并非让你失去自己做人的底线和原则。相反，在原则问题上你应该坚持自我，决不妥协。因为只有这样，你才不会丧失人格，迷失方向。

通常来说，在两个问题上我们应该坚持自我，绝不动摇：一是尊严，一是应得的利益。相比赢得的利益，尊严这个精神和人格上的原则更加不能轻易动摇。一个懂得自尊自重的人，决不允许自己的尊严受到冒犯，否则这比利益损失更让人痛苦和难以忍受。所以，当你的人格尊严受到侵犯时，你应该强硬起来，这就叫“当方则方”。

小月是从乡下来城里打工的女孩，她在一个富有人家做保姆。小月干活利索，为人实在，但是生性多疑的女主人怕她手脚不干净，偷拿家里的钱财，所以，就在小月进门之后的几天想了一个办法考验她。

一天早晨，小月起床做饭，看见门口地上有10元钱，就捡了起来。她想肯定是主人掉的，就随手放在客厅的茶几上。第二天早上，她又捡到了10元钱，于是她再次放在茶几上。

小月感觉不对劲，于是晚上她假装睡觉，然后从卧室的门缝中观察客厅的动静。过了一会儿，她发现女主人出现在客厅，把茶几上的钱拿走了。小月明白了，知道女主人不信任她，这是有意试探她，她觉得这是对自己人格的侮辱。于是她想了一个办法维护自己的人格尊严。

次日早晨，小月又发现地上有张10元钱，这一次她把钱捡起来，装进了自己的口袋。到了傍晚时，女主人下楼散步了，小月把这10元钱悄悄放在门口的楼梯上。女主人散步回来，见地上有10元钱，便捡起来装进口袋。这一幕，被小月暗中看到。

当天晚上，女主人发现小月没有把那10元钱放在茶几上，于是像审犯人一样审问小月，说她手脚不干净，为人不诚实。小月笑着说：“你不是在楼道里捡到了10元钱吗？那就是我还给你的钱啊！”女主人一脸诧异，顿时像触电了一样，半天说不出话来……

女主人耍小聪明试探小月，小月用点心计反唇相讥，让女主人无地自容。小月这是在维护自己的人格尊严，在这方面她做到了当方则方，绝不让自己的人格尊严受到侮辱。这一点值得每个老实女人学习。同时，小月的计策颇为圆滑老道，不动声色地回击了女主人，确实高明。

当圆则圆，当方则方，两者结合起来，拿捏好方圆的尺度，努力成为一个外圆内方的人，这样你才不会在复杂的人情世故面前受伤害。在圆滑处世的同时，我们应该秉承光明磊落、诚实正直的优秀品格，在刚正不阿的同时，也要学会灵活变通地待人处事，这才是高明的心机。

## NO.8 ↘醒醒吧，不要指望用身体留住爱情

男人是好色的动物。不管他是穷困潦倒，还是位高权重，只要他生理功能正常，他就不可能不好色。就连伟大的思想家孔子都说过：“食色，性也。”可怕的是，男人也是“健忘”的动物，他们一生忙碌地追求事业、地位、财富，拓展自己的资本，顾不上“猎物”的感受。所以，很多男人拉上拉链之后，从此就消失在茫茫人海。

女人往往是天真的、单纯的，她们想当然地认为只要一个男人还愿意和自己做爱，还饶有兴趣地和自己缠绵，那么这个男人还是爱自己的，对自己是有感情的。其实，事实并非如此。

有个女孩说，她和男朋友分手之后，男朋友还来找她做爱。就凭这一点，她认为男朋友还是爱自己的，还是对自己有感情的。其实，这是对男人的天大误解。女人不爱一个男人之后，她对这个男人的性欲会随之消失，而男人不爱女人了，他仍然可以继续和这个女人上床。

老实的女人一定要明白，男人可以不接受一个女人的爱，但是他不会拒绝这个女人的身体。换言之，对男人而言，爱和性是可以

分开的，爱就是爱，性就是性，两者之间没有必然的关系。男人可以和一个素不相识的女人做爱，也可以一辈子深爱一个女人却不碰她，虽然这种情况很少，但确实存在。

当男人宠爱你时，就算你环肥燕瘦，在他眼里也是倾国倾城；就算你刁蛮泼辣，在他眼中也是迷人可爱。而当他不爱你时，你再贤惠，再痴情，对他也毫无意义。所以，一旦男人变心，请不要跟他讲道理，更不要傻到用身体去挽留他。你唯一能做的，就是抢在他的前面，潇洒地转身。至少这样你还能挽救自己的尊严，至少这样你还能留给他一个美丽绝伦的背影。

作为女人，一定要认识到：爱情是由上半身开始的，然后才是下半身，千万不要把顺序颠倒了。只有当上半身和下半身契合，那才是完美的爱情。当男人爱你时，他希望得到你的下半身，但是你如果不同意，男人也不会生气，不会强求，不会以此为分手的借口。

女人一定要明白，男人爱的是你的上半身，你的性格，你的内涵，你的智慧，你的个性。他喜欢和你谈天说地，喜欢和你相濡以沫，这个时候如果你不同意他碰你的下半身，他会控制自己的下半身，他知道为美丽而长久的爱情，关键在于上半身。

女人一定要明白，当男人决定离开你时，那是上半身的事。他不再爱你，他觉得和你合不来，和你无法沟通。这个时候，如果你用下半身去留住他，那不过是想抓住他原始的冲动，这是多么可悲的事情！

所以，老实女人们，是该醒醒了，是该认清几大误区了，不要再为回不去的爱情而徒劳付出，不要再为回不去的爱情而苦苦挣扎，而应该潇洒转身，开始新的幸福生活。下面是三种女人常见的挽留男人的错误做法，值得每个女人警醒。

误区1：为男人过早地奉献了自己

有这样一个故事：

有个女孩，和男友同居5年。在这5年中，她就像一位母亲那样，无微不至地照顾男友的饮食起居，全心全意地给他无数个香艳旖旎的夜晚。她以为男友享受到这些“福利待遇”之后，会娶她为妻。谁料到，男友却说：“我们这样不是很好吗？”言下之意是，还没结婚呢，你已经做得这么到位，我何必还要用婚姻给自己套上一条枷锁呢？

这个女人奉献了5年的青春，最后却没有得到一句承诺，她的经历告诉我们：在和男人交往时，千万不要轻易把身体献给男人，千万别让男人吃得太饱，尤其是在你们结婚之前。要知道，男人总是对未知的、不太容易掌控的、神秘的东西倍感兴趣，而对完全把握得住的情感缺乏贪欲，不去珍惜。

误区2：用孩子套牢一个变心的男人

你可能经常在报纸、网络上看到类似的报道：有的女人，为了留住男人，而怀上男人的孩子，以为这样可以牵绊住男人，男人就会给自己想要的婚姻、财产和爱情。可是，一个变了心的男人怎么会因为你给他怀了一个孩子，生了一个孩子就安分守己留在你身边呢？你是否想过当男人绝尘而去的时候，你一个人带着孩子怎么开始今后的生活？你想过孩子的感受吗？所以，还是罢了吧，不要做无力的挣扎。

误区3：用死亡来挽留变心的男人

自古以来，“一哭、二闹、三上吊”就是女人要性子的法宝。然而，当一个女人以死相逼时，那是在糟践自己的人格和生命。女人一定要明白，你的生命不属于你一个人，你如此轻贱自己的生命，对于那些在乎你生命的人来说是非常不公平的。没有人可以伤害你，除非你渴望被伤害。如果你真的想挽留，为何不挽留自己的生命，看看身边的亲戚朋友呢？所以，千万不要为了一时冲动留下终生的遗憾，那也太不值了。

## NO.9 ↘只有独立起来，女人才不会沦为别人的奴隶

中国女人看起来好像很独立，很多女人都有一份工作，而有很多年轻女孩则是以追求有钱有势的男人为工作，为事业目标，甚至有人大言不惭地说："长得好不如嫁得好。""干得好不如嫁得好。"似乎只要嫁给了"好"男人，女人后半辈子就可以坐享其成，享受荣华富贵一样。天下真有这么好的事情吗？如果有，那你又凭什么相信这等好事一定落在你头上呢？

当男人出轨时，有多少中国女人选择了原谅，她们的理由是"为了孩子"、"为了家庭"，于是她们继续留在婚姻里。其实，这是缺乏精神上独立的表现。尽管中国女人有独立的收入，但是她们骨子里对男人有一种依赖感，她们不相信自己能给自己创造幸福的生活。因此，她们选择了委曲求全，牺牲了自己的尊严和幸福，变成了情感上的"奴隶"，成为人格尊严上的弱势群体。

最近，张岚接到了朋友刘菲的电话，从她的声音里，张岚听出了很多伤感。经过询问，刘菲向张岚讲述了自己悲伤的婚姻生活。

刘菲长得很漂亮，心地也很善良。在恋爱的年纪里，被很多人追求。最终，她百里挑一，选择了一个家庭条件很好，长得也蛮帅气的男孩。亲朋好友都替刘菲感到高兴，认为她和男朋友的组合就是幸福的代名词。但是慢慢地，刘菲发现男朋友对她不忠，于是她毅然提出了分手。男朋友苦苦哀求，她又心软了，决定给他一次

机会。

后来，刘菲和男朋友结婚了，她生了一个特别可爱的男孩，可是曾经的那些好，随着时间的推移在慢慢变淡。老公叫刘菲在家里带孩子，自己却很少为孩子操心，而是在外面鬼混。刘菲把家庭琐事处理得很得当，但是受到公公婆婆的影响，老公回到家却鸡蛋里挑骨头，说她这没做好那没做好。

刘菲觉得当初的美好，全都烟消云散了。她想不通为什么自己当初听从老公的话辞职，在家安心地带孩子。要知道，没有经济来源的她花每一分钱，都要向老公要，和以前的朋友联系也越来越少。一年到头买不到一件像样的衣服，全给孩子和老公筹办了。可是，她的付出换来什么结果呢？看着老公的变化越来越大，刘菲越来越留恋曾经的那些美好，可是他们之间的交流越来越少。

刘菲问张岚："我该怎么办呢？我觉得生活失去了快乐，我一点都不幸福。"

听了刘菲的讲述，张岚也潸然泪下，她对刘菲说："孩子已经长大了，可以把他送到幼儿园去了。你现在可以重新找一份工作，在工作中找回失去的自己。无论怎么样，你都要有自己的生活，千万不要只靠老公，你必须有自己的经济来源。"

刘菲听了张岚的建议，在老公、公公婆婆的反对声中，走向了职场……

曾经那个美丽的女人，因为爱情，只是因为爱情，嫁给了婚姻，由此磨灭了个性，失去了自己的朋友圈子，丢掉了自己的工作，结结实实成为了男人掌控于股掌之间的附属品。她为什么会落入这般田地呢？

原因只有一个，那就是刘菲的骨子里没有一种独立感，没有一种自强不息的独立精神。如果当初她坚持分手，如果她拒绝辞去工作回家带孩子，如果……如果她能独立起来，那么她的生活就不会是这样。

在中国，这样的女人并不少，这种类似的痛苦很普遍。作为女人，千万不要以嫁给好男人为目标，否则你就会丧失自己的人格；千万不要老老实实地听男人安排你的生活，否则你就会丧失婚姻生活的幸福快乐。

女人们，即便你的爱情婚姻美满幸福，也要始终做好充足的心理准备，有很好的应变能力。而最好的准备就是让自己独立起来，如何独立呢?

首先你要找一份工作，哪怕工资不高，也有必要踏实地对待；其次，继续保持结婚前的风采，要把自己打扮得光彩照人，拒绝做“黄脸婆”；再次，调整好自己的心态。有句话叫“不以物喜，不以己悲”，女人们应该不以男人喜，不以男人悲。得之安然，失之泰然，这样才能活得洒脱，活得不受牵绊。

# 第二章

## Chapter 2

## 职场复杂，女人太老实难立足

显规则告诉我们：做人要老实本分，不要有害人之心，不要惹事生非。然而，这条显规则在潜规则繁多的职场根本行不通。因为职场的很多方面涉及到人与人之间的利益瓜葛，一个太老实的人尤其是女人，往往很容易被人当做“软柿子”捏。俗话说“人善被人欺，马善被人骑”，一个太老实的女人在职场是很容易吃亏的。要想避免在复杂的职场丛林中沦落到被人欺负的下场，就有必要了解职场的潜规则，坚决不做太老实的女人。

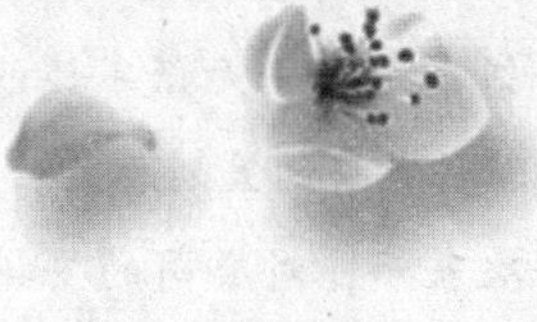

BEING A WOMAN SHOULD NOT BE
TOO HONEST

## NO.1 ↘同事之间无密友，交浅言深很危险

俗话说："多个朋友多条路。""朋友多了路好走。"很多老实女人坚信这类至理名言，进入职场之后，他们本着与人为善的态度和同事们交往，其动机非常单纯——搞好人际关系，和大家成为无话不谈的朋友，以便大家互相照顾，把工作搞好。

老实说，想法是非常好的，可是职场复杂，人心叵测。如果你不懂得防范别人，而是一门心思地和别人"掏心窝"，想和别人成为密友，那么你就很可能陷入职场人际交往的误区，给自己带来麻烦。

陈璐是一家广告公司的策划部经理。任职两年后，公司"空降"了一个策划总监，做她的顶头上司。从那以后，公司里总有一些同事有意无意地向陈璐打听新来的策划总监的背景、实力，甚至有人问陈璐："她多大年纪啊？结婚了吗？"

陈璐知道祸从口出的道理，所以，面对别人的打听，她始终说："我不知道。"在公司里陈璐有个自认为关系很好的朋友，叫王敏，两人经常一起出去吃午饭，是几乎无话不谈的朋友。因此，陈璐经常和王敏在吃午饭的间隙聊新来的策划总监。

陈璐在王敏面前多次表示，对公司的安排不满意，因为如果公司不空降一位策划总监过来的话，她就很可能被晋升为策划总监。有一次，陈璐和策划总监因为工作问题发生了较大的分歧。晚上，陈璐打电话向王敏大倒苦水，说策划总监多么难相处，还谈了不少对方在工作中犯的错。王敏一个劲地劝陈璐不要往心里去，叫陈璐

不要和这种女人一般见识。

自从这次电话“诉苦”之后，陈璐明显感觉到策划总监和自己的关系越来越僵化。陈璐发现上司对她的态度越来越不友好，她在工作中提交的建议几乎都被上司否决，甚至在公司中高层会议上，她在工作中的细小失误也会被点名批评。更可气的是，对于陈璐好的广告设计方案，总监稍加修改，就在总经理那里说是她设计的方案。不仅如此，策划总监总是安排陈璐加班，把难度最大的工作交给她来完成。

与此同时，陈璐和王敏的关系似乎也有微妙的变化。王敏不再像以前那样，和陈璐一起外出吃午餐。有一天中午，陈璐去公司附近的一家餐馆吃饭，偶然看见王敏竟然和策划总监在一起，这时她才猛然意识到王敏出卖了自己。

在复杂的职场丛林中，陈璐的经历绝非个案。有许多老实人不谙职场潜规则，看不清职场政治，把别人想得太单纯，有意无意地在自认为关系不错的同事面前谈论别人的是非对错。很明显，他们是把关系不错的同事当成朋友来看待，认为和好朋友谈心事、说秘密没什么关系。这种心理就是老实人最常见的心理。

很多女性初入职场，对工作环境、人际关系等感到陌生，甚至有些不适应。在这个过程中，如果有同事对她们较为热情关心和帮助，她们往往会心存感激，暗自把对方当成朋友。一旦把别人当成了朋友，接下来就很自然地和朋友推心置腹、无所不谈。殊不知，这种做法是非常错误的。因为你跟同事所说的每句话、每个秘密，在今后的某一天都可能传入第三方的耳中，到时候对你的个人形象，对你的人际关系都将产生负面影响。

许多老实的职场人士都是在经历了吃亏、上当、被骗和被出卖之后，才深刻地感受到一个事实：同事之间无密友，交浅言深很危险。所以，你不妨牢记这句话：“害人之心不可有，防人之心不可无。”时常提醒自己，不要随便和同事说人是非，不要和同事分享自己的秘密。具体来说，可以参考下面三条建议：

第一，不要轻易和同事做朋友。在职场，交朋友必须谨慎。只有在长期的交往中，更加深入地了解别人的本质之后，你才能确定是否能和别人成为朋友。当然，不要轻易和同事交朋友不是叫你和同事成为死对头，而是说要谨慎对待交友。在平时的交往中，与人为善依然是最基本的交际态度。

第二，不要和同事说人是非。有人的地方就有是非对错，更别说复杂的职场和办公室里。对于公司发生的事情，你最好不要和同事背后议论，说张三太过分，说李四太愚蠢，小心这些话有一天被传出去。说人是非、道人长短是职场交际的大忌，你不妨在背地里多说别人好话，多夸赞别人，这才是明智之举。

第三，不要和同事分享隐私。女人是感性的，遇到不开心的事情，比较愿意向别人倾诉。尤其是老实巴交的女人遇到了感情纠葛，更不想憋在心里。但是切记，千万不要随便和同事分享隐私。否则，吃亏的是自己。比如，文静老实的晓燕刚失恋，她忍不住向关系不错的同事诉说。没过几天，这件事就传到了领导耳朵里，领导在公司会议上说：“有些人连男朋友都搞不定，公司怎么放心把事情交给她处理呢?”不久之后，晓燕被调离了职位。

## NO.2 ↘锋芒太露容易没饭吃

老鹰站立的时候像睡着了一样，老虎慢吞吞地走路时像病了一样，然而，这种深藏不露的表现正是它们捕捉猎物的手段。动物世界的生存规律告诉我们，做人要聪明但不要露锋芒，有才华可以，但不要随便逞能，这样才能干大事、成大业。

锋芒太露容易没饭吃——这是栽过跟斗的老祖宗们用鲜血和脑浆写下的忠告。可是，很多老实女人并不明白这个道理，她们认为做人就要实在，有能力就表现出来，没能力就靠边站，有能力不表现，藏着掖着是小人之举，她们对此非常不屑。因此，只要有机会，只要她们自认为有实力，就会大胆地表现。至于别人怎么看自己，她们甚至想都没想过。

大学本科毕业的小吴在职场摸爬滚打了三年之后，自认为自己的实力超出了公司给予的待遇，在要求加薪无果之后，她果断地选择了跳槽。后来，她来到一家外贸公司应聘。在外贸公司业务经理孙先生面前，小吴充分自如地展现了自己的业务推广能力、活动组织能力、英语表达能力。原本孙先生对小吴非常满意，但小吴的一句话却吓退了孙先生。这是怎么回事呢？

原来，在应聘者中，除了小吴让孙先生满意之外，还有一个女孩小雯表现也不错。公司急需一个业务推广助理，主要负责工厂联系和发货工作。在模拟接电话的面试中，孙先生发现小吴性格干脆利落，说话自然大方，觉得她挺适合这份工作的。但是当苏先生问起小吴的职业规划时，小吴回答道："我对自己充满自信，凭借我的能力和素质，我相信未来两年内，月薪要上万，这是我对自己的最低要求。"

孙先生听了这话，心里不由地犯了嘀咕："一个业务推广助理的职位，怎么可能达到月薪1万的标准呢？目标这么高的女孩，肯定做事不安分，说不定还会给自己找麻烦。反观小雯，家境不错，性格文静，对薪水要求与公司薪资水平比较符合，还一直表示会好好学习。于是，孙先生最后选择了小雯。

女人有自信是好样的，但这种自信不一定要表现出来。小吴面试之所以失败，就是因为她太过自信，给人一种锋芒毕露的感觉，如果她懂得适当收起锋芒，表现得谦虚一点，或许她就得到了那份工作。可见，锋芒毕露容易没饭吃，这句话真的非常有道理。

相信大家都听过“真人不露相，露相不真人”这句话，意思就是：真正聪明、有实力的人绝不到处炫耀自己，而是很安静、很低调地等待一鸣惊人的机会。就像财富一样，有钱当然是好事，但没必要整天提着钱箱子到街上去显摆。否则，不被人打劫才怪。

女人有才华是一件好事，这是成才的基础，但才华是一把双刃剑，可以刺伤别人，也会刺伤自己，所以，运用起来一定要小心翼翼。老实女人有必要改变简单、单纯的思维方式，不要认为自己有实力就应该随时随地表现，而要认识到：过于锋芒毕露显得太张扬，无形中还会把别人比下去，容易遭人嫉恨。还要认识到，锋芒毕露一旦过度就成了自大狂妄，这种处事姿态是不受人欢迎的，甚至会被人暗中陷害。

三国时期知名人物诸葛亮的长兄名叫诸葛瑾，他有一个儿子叫诸葛恪。出身名门，家教严格，他很小就展现出过人的才智，大家都认为他的才华超过父亲诸葛瑾。但是诸葛瑾却不这么认为，他一点都没有因儿子的才华感到高兴，相反，他觉得儿子将来可能会给家族带来不幸。为什么呢？

用诸葛瑾的话说就是：“恪性格暴躁、刚愎自用，而且太喜欢表现自己，锋芒过于外露，终将引来祸端。”后来，果然不出诸葛瑾所料，诸葛恪长大成人，在掌权之后，表现得非常狂妄独断，经常以才压人，目中无人，最后惹怒了众人，最终被大臣们献计害死，导致整个家族被诛灭。

不可否认的是，在这个世界上，很多老实女人的思维就像诸葛恪一样，活得过于真实，表现得过于张扬，这种处事姿态很容易招惹麻烦，把自己逼得走投无路。锋芒毕露虽然会给自己带来暂时的成功，但是却傻乎乎地把自己变成大家攻击的靶子，不知不觉给自己挖了一个坟坑，最后掉了进去，把自己埋葬了。所以，无论你在工作上表现得如何突出，如何受领导肯定，千万不要得意忘形，不要表现得自大张狂。

## NO.3 ↘切忌在办公室树敌

老实人有一个共同的特点，那就是不太圆滑，为人处事显得棱角分明，很容易在无形中擦伤别人、得罪别人。这样一来，他们就很容易树敌。也许老实人没有意识到在办公室树敌后果的严重性，如果用一句话来总结它的后果，那就是：在办公室树敌等于找死。

一年前，李玲进入一家文化传播公司工作。对于新人来说，初入职场原本要把精力放在熟悉业务、搞好人际关系上，以便在最短的时间内适应工作，适应公司的环境，站稳脚跟。但李玲却是个例外，她一直抱着防备的心态与人相处。如果有同事表示要帮助她，她不但不感激，反而加倍防范，生怕被人陷害了。而对于公司里的事情，她则单纯地想到什么就说什么，而且不注意措辞，导致她在言语上得罪了别人。

有一次，李玲看到一位公司新人的名字与一位老同事的名字同时出现在作品上，这让她感到很震惊，于是她跑到那个新人面前，不假思索地说："你好大的能耐啊，刚进公司才两个月，就把某某搞定了。”虽然李玲只是说笑，但是那位新人听了却心里很不舒服，后来那位老同事听说此事，对李玲也有不好的印象。

就这样，李玲经常在无意间得罪别人，导致大家都不愿意招惹她。渐渐地，李玲在办公室里成了边缘人物。大家有活动也不愿意告诉她，她遇到麻烦也没人愿意帮助她。在这种情况下，她的业绩基本是末尾。最后，她只好在失意中辞职走人。

职场中，像这样的老实女人并不少见，其不良的同事关系主要是由她们的心理造成的。事实上，同事并不是我们的敌人，我们没必要和别人成为死对头。很多老实女人不懂得这个道理，她们即使表面上和别人一团和气，内心却过分偏执地防范人家。在这种情况下，活得是不是太累了呢？又怎么有心情来工作呢？

对职场中的老实女人来说，树敌过多，不仅会使自己迈不开步，还会影响正常的工作。而当一个人无法做好工作时，怎么保得住“饭碗”呢？如果真的因为树敌过多导致工作丢失，岂不是和自己过不去吗？所以，还是学几招，避免在办公室树敌吧！

第一，不要随意指责别人。

老实女人心直口快，一旦发现了别人的错误，就会直接指责别人，丝毫不顾及别人的情面，被指责的人肯定心里窝火，自然对她没有好感。这样一来，老实女人自然没有好人缘，大家都会避开她们，唯恐被她的快言快语和直截了当戳痛。

所以，如果你想有一个好的人际关系，避免在办公室树敌，就要改变随意指责别人的做法。你要明白，直接指责别人，尤其是在众人面前指责某个人，会让对方面子上过不去，会伤害对方的自尊心和荣誉感。你可以通过微笑、脸色、语调、手势来暗示别人，委婉地表达自己的意见；你还可以在众人面前支持别人的观点，在私下里向别人提出意见，这样不但不会伤害别人的面子，反而会赢得别人的好感和感激。

第二，不做好斗的“公鸡”。

很多老实人遇到难堪的误解或遭到别人不公平的批评时，会情绪激动地回击，就像受到挑衅的公鸡一样竖起头上的羽冠，但是“斗”起来并不能解决问题，并不能化解误会，还你清白，反而会导致矛盾越来越大，误解越来越深。因此，你最好学会控制自己的情绪，在即将爆发的时候暗示自己“这样不好”，把怒火平息下来。

第三，不要过于张扬，不妨“装装熊”。

很多年轻气盛的老实女人傻傻地表现自己，却不知道自己已经锋芒过露了。俗话说“树大招风”、“枪打出头鸟”，即便你有“两把刷子”，但如果你总是张扬自己，不把别人放在眼里，势必会引起别人红眼，被大家孤立。谈佳的遭遇就证明了这一点：

谈佳在一家颇有名气的出版公司，她工作特别卖力，加上精力充沛，她总能及时完成领导交给她的任务。在公司里，无论和谁相处，她都是那样神采飞扬。领导对她的工作能力非常满意，她自己也觉得挺风光。

可是，不久之后她发现同事们都有意识地疏远她，有些同事还在领导面前打她的小报告，有些同事明明举手之劳就可以帮她，但就是不肯帮忙。后来谈佳反思了一下自己，发现原来一切都是自己锋芒太露所致。渐渐地，她学会了“示弱”。她主动放低姿态，向老同事请教问题，虽然老同事表面上说：“这么简单的问题都不懂啊!”但谈佳看得出来，老同事非常乐意帮忙解答。渐渐地，谈佳的人际关系好转了。

可见，适当的时候装熊，可以化解同事的不良看法，可以修复自己不良的人际关系，把“敌人”变成朋友。

## NO.4 ↘巧妙应付男同事的想入非非

不少女性在办公室里被男同事口头上或行为上的挑逗占过便宜。虽然她们很想发火，但是由于太老实，所以不想得罪人；又因为为人保守，不想把这件不光彩的事情传出去，所以，最后选择了忍气吞声。可是，她们内心特别难受，特别恼火，严重的话会影响正常的人际交往和工作。

一位刚应聘到某公司的女士打电话向好朋友求助，说她进入公司不到两个月，就屡次遭到男同事语言上的挑逗和行为上的触碰，这让她感到很不适应。原来，她是一位美貌的女性，曾经因为自己的美貌和不凡的回头率而自豪，可是自从在职场被性骚扰之后，她却为自己的美貌感到烦恼。

朋友对她说："要不你干脆换工作吧，别在这家公司了。"可是她很喜欢这个工作，所以，她只好忍着，但她知道这不是长久之计，而且就算换一份工作，只要公司有男同事，凭她这动人的容貌，依然可能引起男同事的想入非非。所以，她觉得学会应付性骚扰才是关键，可是她不知道该怎样做……

说实话，对职场女人来说，被男同事想入非非或遭到男同事的性骚扰，这是再正常不过的事情。如果你的姿色、身材不错，那遭到性骚扰的可能性就更大。但是，如果你太过老实，那吃亏的肯定是你自己。这里的老实有两种表现：

第一种表现是老老实实地忍受。面对男同事想入非非的表现或骚扰，她们选择沉默。虽然内心不爽快，但是出于对工作的重视，老实女人只好打掉牙齿往嘴里吞。就像上例中的女士一样。值得注意的是，这种老实的回应态度，会使男同事误以为你默许了他的行为，他很可能会变本加厉地向你传递暧昧、骚扰你。所以，这种沉默回应、老实忍受的做法根本行不通。

第二种表现是直接、不留情面地说“不”。这种做法看似很强硬，其实也是老实女人的老实做法，要知道，老实人的最大特点之一就是说话直接，不给人留余地。虽说直接对男同事说“不”可以使他的幻想破灭，但这种做法毕竟会让别人面子难堪，以后他很可能不再向你传达暧昧，但是他有可能在工作上给你制造麻烦，这对你在公司的发展是极为不利的。

所以说，以上两种老实做法都不太好，要想在不伤男同事颜面的情况下把对方拒之千里，最好的办法是要注意方式方法。下面是针对男同事常见的想入非非的表现采取的应对策略：

策略1：不要随便把手机号码告诉男同事

手机是最常用的沟通工具，也是男同事向女人表达暧昧的最佳途径。当你发现男同事打听你的手机号码、QQ信息时，很可能是他对你有意思的表现。所以，你要考虑清楚再把手机号、QQ号告诉他。比如，你可以先把QQ号告诉对方，如果他继续索要手机号，你可以说：“QQ联系也很方便，我下班从不接公司同事的电话，要我手机号也没啥用啊！”

策略2：不要回应男同事的示好信息

当男同事对女人想入非非时，他们最常见的表现是通过各种节日向女人示好。比如，情人节、圣诞节、光棍节等等，男人会用心地给女人发暧昧短信，但这是醉翁之意不在酒，其最终目的是想赢得女人的心。如果你已经结婚或有对象，那么请不要回应这个男同事的示好信息。相信这样的情况发生几次之后，对方就会自动放弃对你想入非非。

策略3：远离对你殷勤谄媚的男同事

有些男人天生就有一副贱骨头，见了美女就两腿发软，继而唯美女马首是瞻。所以，当你发现某个男同事对你殷勤谄媚，你随叫他随到，你就要小心了，他的举动足以表明对你有意思。如果你不想和对方搅和在一起，最好的办法是远离这种男同事，减少和他的来往。

策略4：聪明地提醒男同事的暧昧言行

在办公室里，有些男同事会有意无意地对女人说暧昧的话，开黄色玩笑。对于男性的这些不良言行，女人有必要及时提醒男同事，比如，你可以笑着说："这可是在办公室哦，说话不要太随便哦！"提醒的时候语气要温和，用词要委婉，态度要明确——我不喜欢你开黄色玩笑，这样不至于招致男同事的反感，又使男同事认识到你是个正经的女人。

策略5：保持工作环境透明

如果你不幸和男同事两人共处一个办公室，而这个男同事偏偏对你想入非非，言行不检点。那么，为了防止你被他骚扰，你有必要尽量让办公室的门敞开，这样也就少了被性骚扰的环境。值得注意的是，去领导办公室做汇报时，如果领导是男性，你不妨也把门开着，不要让他有可趁之机，这是对自己的一种保护。

## NO.5 ↘站队是一门很深的学问

职场中看似一团和气，实际上时刻充满了明争暗斗，这就是职场政治。职场政治总是风云变幻，无论你处在什么位置，无论你在公司是什么样的角色，你都逃脱不了职场政治的影响。

或许你只是一个一线员工，根本参与不到争执角逐中，但是你身上有独特的能力和价值，可以让政治角力中心的大人物对你有所期待，他希望你站在他的队伍里，增加他的竞争力。当然，即便你对他没有多大的价值，但像你这样的小兵小卒凝聚在他的周围，也会增强他的力量。关键时刻，有小兵小卒的投票，他也多几分胜算。只要他升职了，你自然不会吃亏。

小萍毕业后，在一家私营企业做行政文员。虽然待遇不是很高，但能接触到各方面的工作，对她是一种很好的锻炼。

小萍的直属上司是两位副董事长。张总年轻有为，做事果断，给公司赢取了不少商机，很受董事长器重；王总年长稳健，做事得体，曾力排众议阻拦了几笔看似利润可观的业务，最后证明他是正确的，避免了公司受到经济损失。两人各有千秋，共同管理公司事务。

起初，小萍很庆幸自己遇到了这两位上司，可是时间久了之后，她发现自己身陷困境。一天早上，张总对小萍说："公司的后勤管理很乱，原因是缺乏有效的管理制度，你结合公司的具体情况，起草一份制度，等董事长回来，到时候会讨论你这个制度的可行性。好好起草，这是对你工作的一种考评！"

张总的身影刚消失，王总就神秘地出现在小萍跟前，他对小萍说："张总是不是让你起草规章制度？还说是对你的一种考评，对吧？"他的话让小萍大吃一惊，心想王总是不是偷听了刚才张总和自己的对话。

没想到，王总不屑地说："年轻人，别瞎想了，不懂得咱们公司这潭水有多深，前几个文员都是这样被裁的。"小萍一听就急了，说："那我该怎么办呢？"

王总朝周围看了一眼，快速递给小萍一叠文稿。"这是董事长对后勤管理提出的建议，你照着这个意见起草后勤管理制度就可以了。”小萍感动得眼泪都要出来了，连声道谢。王总小声地说：“不用感谢我，我帮你，只是不想让小人猖狂。”

果不其然，当小萍按照董事长的建议制定出后勤管理制度时，董事长看完非常满意，给了她很高的评价。老实的小萍不想埋没王总的功劳，很坦然地对董事长说：“多亏王总指点我，我才能把这个后勤制度做好。”

此话一出，小萍就意识到不该说，她偷瞄了张总一眼，发现他的表情不太高兴，嘴角不自然地翘动，有一种明显的讥讽。董事长笑着说：“难怪做得这么好，原来是有老师指教啊！不过也好，不懂就要问嘛，好好学习，才有进步。王总做得对，积极培养新人，这样公司才能发展更快。”这一刻，王总的脸上浮出得意的神色。

这件事之后，张总对小萍明显生分了一些。小萍知道自己不小心得罪了张总，而且经过她暗中观察，发现董事长其实更器重张总，于是开始有意识地针对张总的喜好来表现，给了张总很大的支持，慢慢赢得了张总的信任和好感。后来，王总被董事长辞退，张总向董事长建议道：“以前是两个人工作，有人分担压力，现在只剩下我一个人，我想让小萍做我的助理。”董事长答应了，从此，小萍的地位有了质的飞跃。

老实巴交的小萍在说了不该说的话，得罪了张总之后，经过深入观察，了解到张总才是董事长的心腹之后，果断地站到了张总的队伍中，最后在公司获得了很好的发展。可见，在职场也要学会站队排队，千万不能站错了队伍，否则倒霉的是自己。

或许有些老实女人会说：“我就想做独行侠，只想保持中立，不想拉帮结派。”这种单纯的想法在职场根本行不通，因为有些事情你没法不参与，如果你事事回避，那么你注定会被孤立。所以，为了生存，你不得不开始学得聪明一点，给自己找一个靠得住的保护伞。

身在职场，再老实的你也希望有安全感，有可以依靠的靠山。这就要求你像小萍一样，在看准不同队伍之间的实力和未来趋势之后，果断地偏向于某个人物，跟他走得近一些。这样在你遇到困境的时候，你才可能得到“头儿”的庇护；在“头儿”获得晋升的时候，你才可能得到提升。这是职场政治强加给你的“规则”，你只有适应、遵循这样的规则，才能在职场走得更远。

## NO.6 ↘宁得罪十个君子，不得罪一个小人

闯社会，混职场，最大的忌讳就是得罪小人。因为小人心胸狭窄、笑里藏刀、口蜜腹剑，一旦你得罪了他，那么他会用尽手段陷害你，直到把你拉入绝境为止。可是，小人的脸上并没有写“小人”两个字，怎样识别小人呢?

小人一般较为圆滑，经常把自己伪装成一副好人的样子。当你失意时，他们往往会用甜言蜜语安慰你，甚至表现出一副为你赴汤蹈火的样子，当你完全放松警惕时，他则向你伸出毒手。因此，身在职场首先要练就一双火眼金睛，要识别出小人，然后用正确的方式与之交往，避免得罪他们。这样你才能不被小人利用和陷害。下面这个故事对我们就很有启发：

郭子仪是唐朝大将军，他曾参与平定安史之乱，非常受唐肃宗的赏识，被封为汾阳郡王。在朝廷里，郭子仪有很高的威望，大臣们对他总是很恭敬，为了能和他搞好关系，他们总是时不时去看望他。因此，郭子仪每天都要接待这些看望自己的大臣小吏。每次接

待客人时，府里的侍女都会给来者端茶倒水。可是，有一次，有个人来看望郭子仪时，郭子仪却叫侍女全部退下，独自接待来者。这个人是谁呢？

这个人名叫卢杞。在当时，他只是个小角色，没有人知道他。为什么郭子仪对他这么以礼相待呢？郭子仪对家人和侍女说："卢杞相貌丑陋，一副鬼样，满脸杀机，阴险毒辣，我担心你们见到他会忍不住发笑，不小心得罪了他，日后一旦他得了势，肯定会陷害我们。"所以，郭子仪对卢杞向来非常客气，从来没有表现出排斥和反感的意思。

然而，当时很多人和郭子仪不一样，他们都对卢杞心存偏见。有些人甚至嘲笑卢杞相貌丑陋，有些人则耻笑卢杞的阿谀奉承和溜须拍马。所以，他们都不愿意和卢杞打交道，有意无意地孤立他。

由于卢杞擅长逢迎拍马，他很快就从一个无名小卒变成了当朝宰相。从他当上宰相的那天开始，接下来将会发生什么事情，我们大概都猜到了。卢杞首先设计害死了另一个宰相杨炎，从此独霸朝纲。接着，他开始逐个陷害曾经嘲笑他、说他坏话的大臣。这些人的下场非常悲惨，大部分人都被抄了家，灭了族。

其中，下场最惨的是著名的大书法家颜真卿。他和郭子仪一样，都是平定安史之乱的功臣，但由于他生性率直，经常批评卢杞的独断专权，在别人面前表达对卢杞的愤怒。此话被卢杞得知之后，颜真卿很快就遭到毒害。

用心如蛇蝎来形容卢杞一点都不为过，但他对郭子仪却没有下毒手。为什么呢？因为郭子仪向来对他客客气气。

为什么郭子仪和颜真卿及那些大臣的下场截然不同呢？究其原因，是因为郭子仪当初看准了卢杞的小人本质，留了个心眼儿，没有得罪他。从这一点上来看，郭子仪可谓是一个有智慧的人。而像颜真卿这样的直率人，见到不喜欢的人就表示反感，对别人的做法不满就批评，最后都遭了殃。

职场如官场，也有复杂的人心，因此，我们也要避免得罪小人。俗话说：“宁可得罪十个君子，不要得罪一个小人。”说的就是君子坦荡荡，你得罪了君子，君子不会暗中设计陷害你，而得罪了小人，哪怕仅仅得罪了一个小人，他也会害得你叫苦不迭。那么，当你识别出小人，或者说在你还没有识别出小人之前，你该怎样对待身边的人呢？

第一，容。

老实女人通常很正直，看不惯歪门邪道，见到不公的事情可能会张口即说，这可是职场交际的大忌，很容易无意中得罪小人。明智的做法是，对于身边小人的庸俗行径，你一定要容得下。小人会厚着脸皮抢功劳，会昧着良心牟利，会设法制造人际摩擦，会趁火打劫、浑水摸鱼，对于这些不良行径，你千万别过于在意，不要表达出不满和批评。

第二，忍。

老实女人有笑说笑，有不满说不满，心直口快，难以做到忍耐，这也很容易得罪小人。明智的做法是，不管你身边是否有小人，平时为人处事的时候，一定要善于忍耐。即使不公平的事情发生在自己身上，你也要适度忍耐，切忌不顾情面地泄愤，避免得罪小人，给自己埋下隐患。

第三，装。

老实女人可能会说：“我不会装，我也不想装，我就是有一说一，有二说二，我为什么要装？”的确，虚伪、伪装不是老实女人为人处事的风格，但不可否认的是，身在职场你必须学会“装”，即便你不喜欢小人，但在面对小人的时候，依然要像郭子仪那样装着对小人客客气气。这是自我保护的一种方式，对你是没有坏处的。

## NO.7 巧妙对付"扎针儿"的同事

在同一间办公室里，和你关系不错的同事有一天出卖了你，你怎么也想不到的事情居然发生了。这时候你的心情会怎样呢？你会假装事情没发生一样，继续和对方交往，还是和对方一刀两断，从此老死不相往来呢？

王颖和李娜是一间办公室里的同事，两人关系还不错。一天，王颖犯了个小错，被上司批评了一顿。下班之后，王颖和李娜一起离开公司，在路上她忍不住把憋在心里的对上司不满的话发泄出来，说上司没有领导能力，不体谅员工什么的。李娜一个劲地点头称是，安慰王颖别难过。

第二天中午，公司召开例会，上司很生气地不点名地批评道："公司有员工在背后议论上司没有领导能力，不体谅员工……我希望大家不要在背后发牢骚，如果不想干了，随时可以走人……"

王颖听到上司这番话，心里全明白了，这不明摆着是同事李娜打了她的小报告吗？

李娜就是职场上的"扎针儿"。所谓"扎针儿"，指的是背地里说别人坏话，打小报告。那小小的"针头"，又尖又细，无色中透着寒光，露着杀气，扎谁一下，谁都不好受。

如果你遇到王颖这种同事打小报告的事情，最好装作不知道。之所以假装不知道，是因为一旦事情说破，一来对方肯定不承认，二来两人关系僵化，整天在一个办公室抬头不见低头见，两人都会觉得别扭，会影响正常工作。但同时不要和“针尖儿”同事走得太近，要对他提高警惕，尤其说话要小心，避免再次被陷害。

一般来说，“扎针儿”有两种。一种是“暗针儿”，就像上例中说的那样。领导一般不会针对员工打的小报告去追问当事人，所以，当事人往往会对领导突然冷淡的态度感到莫名其妙，茫然不知所措。另一种是“明针儿”，所谓“明针儿”指的是当着当事人的面或有人在场时，直接向领导反映“问题”。这样做需要很大的勇气，效果也比较明显，优点是当事人可以针对“问题”进行解释，可以把问题更加明确化。可以说，这种扎针儿比较光明磊落。通常，职场上“暗针儿”占绝大多数，面对这种情况，老实女人就该默默忍受吗？其实不然。

冰冰毕业于北京的一所重点大学，之后她在人才招聘会上凭借自己的实力，一路过关斩将，好不容易才进入一家事业单位。可是进入单位之后，冰冰明显感觉到老同事们对自己不认可，这究竟是怎么回事呢？

原来，单位里的老同事大都认为冰冰能进这样的事业单位，肯定是靠关系，能力是其次。所以，大家不怎么把她当回事。一旦冰冰犯了点小错时，同事总会在领导面前添油加醋加以汇报。冰冰原本是个老实女孩，但是经历接二连三地被打小报告之后，她已经忍不住了。她想：这些人一定是欺软怕硬，喜欢欺负软弱之人。于是，当她再次被打小报告时，她大胆站了出来，据理力争，最后压住了场。从那以后，再也没有“扎针儿”暗中刺她。

在职场中，有一种人喜欢干“欺软怕硬”的事情，你越老实，他们越欺负你。因此，当你不幸被加上莫须有的“罪名”时，你有必要压住自卑心理，勇敢地举起维权的旗帜，在事实的基础上据理力争，让那些捕风捉影的“扎针儿”无以遁形。

你也可以采用旁敲侧击的方法，把情况点出来，让“扎针儿”同事反思和内省。比如，你主动约那位“扎针儿”同事面谈，在轻松的环境下漫不经心地说：“有人在背后打我的小报告，有人说是你说的，我觉得这是胡说。”这样既是警告那位“扎针儿”同事，也是在提醒他：“我对你有所提防，你以后小心点。”这样既不伤和气，又可以有效反击“扎针儿”同事的小人之举。

当然，你还可以防范“扎针儿”的同事，比如，在那些打“小报告”的恶人告“黑状”之前，主动、客观地向领导汇报事情的经过，把一切都摆到桌面上公之于众。这样一来，那些“告黑状”的人用来陷害你的不实之词也就不存在了。

## NO.8 ↘有理也要让三分，得饶人处且饶人

中国有句俗话：“有理也要让三分，得饶人处且饶人。”这句话告诉我们，凡事都应该适可而止，即使你有理，也应该适当让步，不要把别人逼到绝路。这种智慧不仅适用于生意场上的竞争，同样适用于同事之间的相处。

邓玲玲是一位硕士毕业生，在公司里，她的学历最高，而且口才极佳，办事能力也很强，颇受领导的赏识。每次开会，她都会抓住机会滔滔不绝地表达观点。当同事提出不同意见时，如果她觉得这个意见不成熟、不合理，就会毫不客气地当场驳斥。在她的伶牙俐齿下，同事往往被驳斥得颜面无存。

有时候，同事不小心得罪了她，她也会借开会发表意见的时机言辞相向，一点都不顾及同事的感受。要知道，在公司里，很多同事比她年长。可是，在她的观念里，只要自己是对的，别人是错的，就应该开诚布公地说，就没必要讲情面，因为她认为这是对事不对人。

可是，同事们对她是什么态度呢？不久，同事们就纷纷远离她，除了老板，大家都不愿意跟她说话，不愿意与她配合做好工作，她逐渐成了一只孤单的凤凰。最后，她只好选择离开公司，因为她感到自己的人际关系太糟糕。

邓玲玲老实吗？其实她是个非常老实的人，老实到有些死脑筋。事实上，她的能力不差，差就差在她不懂人情世故，不懂得给人留余地，忘了给别人留台阶，才导致人际关系危机重重。

有句话是这样说的："一个人不讲理，是一个缺点；一个人硬讲理、认死理，是一个盲点。很多时候，理直气'和'远比理直气'壮'更能说服人、打动人、感染人、影响人。就像《圣经》上说的那样——性情温良的，有大智慧。"一个女人如果认死理、硬讲理，不留一点余地给别人，不但无法消除眼前的"敌人"，还会导致身边的人疏远自己。

俗话说："兔子急了会咬人，落水狗不能打。"为什么兔子急了会咬人呢？要知道，兔子原本是温顺的动物，不到万不得已是不会攻击别人的。但是如果它被逼上绝路，本能地会孤注一掷，反咬一口。落水狗为什么不能打呢？因为狗落水之后，原本就面临死亡危机，如果这个时候你打它，它会作垂死挣扎，会对你造成不必要的伤害。所以，做人千万不能把别人逼上绝路。

有一家杂志曾访问25位杰出的财经界人士，让他们各说一句对自己一生影响最大的话。这些成功人士说出的话当然字字珠玑，其中最吸引人的一句话是出自时代华纳公司的董事长帕森斯之口，他说："不要赶尽杀绝，要留一点退路给别人。"英雄所见略同，蒙牛集团前总裁牛根生也说过："不要把你的竞争对手逼到绝路，也不要轻易激怒他……损人一千，自耗八百的蠢事不要干！"

如果你想处理好自己的人际关系，如果你想成为一个受人欢迎的人，那么，当你得理的时候要做的不是理直气壮，而是礼让三分。比如，放别人一马，原谅别人一次，别人会对你心存感激，日后可能会报答你；就算他不感激你，不报答你，也不至于和你为敌。这是人的本性，况且世界本来就小，职场的圈子就更小，人与人之间的变化却很快，说不定哪天被你礼让的人飞黄腾达了，到时候他会不会帮你一把呢？所以，千万不要认死理，要学会得理饶人，给别人留后路，这也是给自己留后路。

## NO.9 ↘不要显示你比别人聪明

聪明，本是一件好事，但是如果你觉得自己聪明，于是处处显露自己的聪明，在别人面前表现自己的聪明，那你就太傻了。19世纪英国政治家查士德斐尔爵士曾告诉他儿子："你要比别人聪明，但是不要告诉人家你比他更聪明。"这句话非常有智慧。

为什么既要比别人聪明，又不能告诉别人你比他更聪明呢？这是因为人性的本能是希望自己更出色，如果一个人发现身边有个比自己更聪明的人，那么他就无形中被衬托得不如你。试问，谁希望自己不如别人呢？

有一位年轻的女律师参加一个重要案子的辩论。在辩论中，法官对年轻律师说：“《海事法》追诉期限是6年，对吗？”年轻律师愣了一下，然后直截了当地说：“不，《海事法》没有关于追诉期限的规定。”

法庭内马上安静下来，气氛似乎降到了冰点。尽管年轻律师的回答是对的，但是法官并不高兴，反而脸色铁青。尽管最后法律站在律师这边，但年轻律师却当众表现得比一位声望卓著、学识丰富的法官更聪明，这对她日后的发展并不利。

毫无疑问，这位律师犯了“比别人聪明”的错误。她在指出别人错误的时候，为什么不能更委婉一点、更高明一点呢？要知道，不少人都有武断、偏见的毛病，不少人还自负、固执，他们不愿被别人当众指出错误，不愿意接受别人比自己更聪明的事实。所以，说话太老实并不明智，因此要学会委婉。

曾有一位先哲说过：“如果你要得到仇人，就表现得比你的朋友优越吧；如果你要得到朋友，就要让你的朋友表现得比你优越。”这句话非常有道理，因为当我们比别人表现得更优秀、更聪明时，别人就会被比下去，就会产生一种自卑感，进而对我们产生嫉妒；而当别人表现得比我们更优越、更聪明时，他们就有了一种重要人物的感觉。

如果你在与人交往的时候，总能让别人从你身上找到一种优越感，获得一种自信和一种重要人物的感觉，那么别人一定会喜欢和你在一起，喜欢和你交朋友。与此同时，如果你能隐藏自己的实力，让对方在不经意间发现你的真实才华，那么别人心里会暗自佩服你，从而更加欣赏你。所以，有实力但不要轻易表现，聪明但不要随意张扬，这是一种做人的智慧。

我们要时刻记住，人都是有攀比心理的，关键是不要凸显自己的高人一等，而要善于把光彩让给别人，这样才能换得别人的认同、支持和帮助。否则，你只会失道寡助，在职场中郁郁不得志。

举个例子，公司来了一位女员工，她毕业于名牌大学，自认为学历高，口才好，爱表现自己，不把别人放在眼里。结果呢？结果大家都看不惯她，都不喜欢她，工作遇到了难题，就假装客气地向领导推荐她，说她能力出众，完全可以解决。结果，不到一个月，她就连续碰了几颗钉子，当初刚进公司时的那股“舍我其谁”的锐气也不见了。从此，她变得低调起来。

总之，表现得比别人聪明，只能逞一时之快，而得不到长久的认同和支持，还会给自己埋下人际关系的祸根，是得不偿失的。所以，老实女人说话不要太直接、做事不能高调，必须牢记下面几点：

第一，正视自己与他人。

无论你在某方面是否有过人的天赋和才华，都没必要自傲自大，要知道“天外有天，人外有人”。因此，聪明的话还是赶紧调整心态，正视自己与他人的实力对比，保持低调谦逊的态度。

第二，适当地收敛自己的锋芒。

也许你真的有几把刷子，但如果你不懂得收敛锋芒，在职场上也是很难以立足的。因为锋芒太露容易没饭吃，容易无形中把别人比下去，容易招致别人的反感。所以，你应该认清形势，分场合、有选择地收敛锋芒，这样才能更好地在职场前进。

第三，允许不同意见的存在。

在日常交往中，很多问题都是仁者见仁、智者见智，根本没有正确的答案，因此，对于别人不同的意见，你没必要和对方争辩出谁是谁非，不妨包容别人的观点，欣赏别人的观点，允许不同意见的存在，这样才能更好地与人沟通，更好地维护人际关系。

## NO.10 ↘事事做到最好是不可能的

众所周知，诸葛亮忠诚地辅佐刘备，可谓鞠躬尽瘁，死而后已，最后落得一个“出师未捷身先死”的结局。你希望成为下一个职场“诸葛亮”吗？如果不希望，那就要学会在适当的时候说“不”。否则，事事你都努力做到最后，最后累死了也没人同情你。

陈芳毕业于北大MBA，精通英、法两国语言，对工作非常认真，老板非常器重她。初到公司的时候，陈芳做经理助理，然而老板很快就发现陈芳的能力远超过经理助理所负责的事情。因此，经常让她做一些职务范围之外的事情。

由于做的是自己职权范围之外的事情，一旦遇到需要其他同事配合的任务时，陈芳就倍感为难，她知道自己没权力把任务分配给其他同事，因此，只好一个人独立完成，这让她非常辛苦。

不久，陈芳被老板提升为行政经理，而她所承担的工作任务比原来多了很多。很多本该其他部门完成的工作，一旦遇到了困难，老板就会让陈芳去完成。陈芳非常老实，对老板的安排一直默默忍受，但她内心其实是反感的。

有一天，陈芳刚从外地解决完后勤部的事务回到家，正准备休息一下，就被老板一个电话叫到了办公室。原来，进口机械要检验，老板吩咐她接受这个任务。疲惫不堪的陈芳抱着一大堆资料从资料室出来，边走边觉得内心很委屈。最后，她终于忍不住了，把资料往办公桌上一放，然后走进老板办公室，对老板说：“我不想干了，我太累了。”

老板见陈芳的表现非常反常，显得十分诧异，他叫陈芳冷静下来，慢慢叙述到底发生了什么事情。听完陈芳的诉说，老板静静思考了3分钟，然后中肯地说：“小陈，这些日子公司确实亏待你了。对于过去给你无限制地增加的工作任务，我代表公司全体领导向你道歉，同时，我会叫财务给你补发相应的奖金。”

老板顿了顿，说：“从今天起，你可以适当学说‘不’，不管谁给你下派工作任务，包括我，如果你实在没有时间或太疲惫了，而且不是你职责范围之内的事情，你可以说明理由，我们会酌情考虑你的感受的。”

从那以后，陈芳开始尝试委婉地拒绝那些不属于自己职责范围之内、且自己不愿意接手的工作。一年之后，陈芳凭借出色的工作能力，升职做了副总，她依然是老板的得力帮手，公司上下都很欣赏她。

在工作中，很多老实女人总是碍于面子，不肯当面拒绝本不属于自己职责范围内、且自己不愿意做的事情，结果苦了自己，却无偿地给别人卖了力。

更严重的是，当同事们看见你总是默默地接受职责之外的工作，而且似乎干得乐此不疲时，他们就会对你产生一种错觉：觉得你心甘情愿去做那些事情，于是，他们有事情就可能让你帮忙。到最后，你事事都出力，但功劳却是别人的；你事事做到最好，累死了却被认为是活该，没人替你偿命，你说老实人多命苦呢？

要知道，公司是以赢利为目的的组织，老板见你那么能干，一人能干多个人的工作，怎能不欣喜呢？怎能不充分利用你的价值呢？所以，职场女人太老实了很容易吃亏，吃苦受累不说，往往还捞不着好。在同事们眼里，你这是自作自受；在老板眼里，你这样老实的人才不用白不用。所以，赶紧停下来，学会委婉地拒绝那些不属于你份内的工作。

# 第三章

Chapter 3

## 女人会做事，还要会来事

在《我的团长我的团》这部电视剧中，“炮灰”一词闪亮登场。在字典里，这个词的意思是比喻被强迫参加非正义战争，结果却送了命的士兵。职场如战场，它就像一场场没有硝烟的战争，在这些看不见却真实存在的战争中，强者是炮弹，弱者是炮灰。因此，老实女人仅仅会做事是不行的，更要会来事，一定要擦亮眼睛，正确地分析自己的处境和周围的环境，从而更好地与人相处。

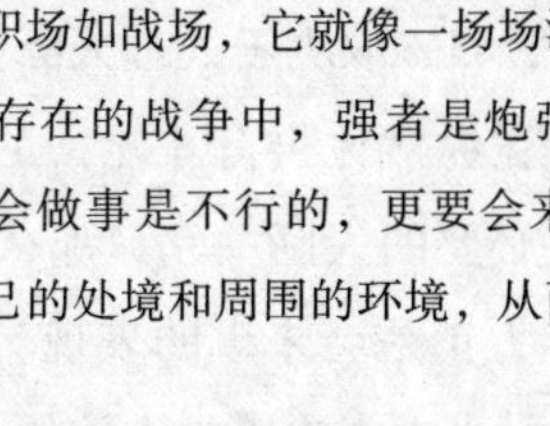

BEING A WOMAN SHOULD NOT BE
TOO HONEST

## NO.1 ↘在职场上，仅仅靠真本事吃饭是不够的

“会做事”与“会来事”虽然只有一字之差，但是却会导致一个人有两种截然不同的命运。老实女人认为，在公司里只要踏踏实实苦干就行了，自己的业绩领导一定会看在眼里，不会亏待自己；会来事的人则认为光做好事情不行，还要学会搞关系，学会恰当地表达自己的功劳，这样才能被领导重视，才能受人欢迎。哪种观点正确呢？答案不言自明。

著名的成功学大师戴尔·卡耐基曾说过：“一个人的成功，约有15%取决于知识和能力，85%取决于处理人际关系的能力。”这句话充分告诉我们一个道理：纵然你再有才能，工作能力再强，工作做得再好，如果你缺少了必要的人际关系，那么你也不可能成功。而这里人际关系的处理能力正是会来事的表现。所以，身在职场的女人，要牢记一点：仅仅靠真本事吃饭是不够的。

陈琴在一家事业单位工作，虽然她年轻稚嫩，但是工作能力很强。面对反应迟钝、对领导溜须拍马的办公室主任，陈琴打心眼里觉得自己比他强，内心实在看不惯他的作为。于是，陈琴主动请示办公室主任，表示愿意主动承担撰写那些报告的任务。

一次，总经理要写一份学术论文，请陈琴帮忙。陈琴认为机会到了，于是仗着领导的重用，她开始指派办公室主任安排一些日常事务。办公室主任没有什么意见，即便其他同事颇有微词，他也始终笑嘻嘻的，就算陈琴当众对他指手画脚，他依然保持那份招牌式

的笑容。一个星期之后，陈琴圆满地完成了学术论文，老总非常满意。

老总的赏识让陈琴暗自庆幸，她觉得自己越来越进入角色。此时办公室主任工作上的权力，几乎被陈琴所取代。她认为这个办公室主任早晚是自己当，就等老总宣布结果了。

然而，事情并没有这么简单，虽然陈琴的工作能力很强，业绩很突出，但是两年一度的换届结果出来之后，办公室主任继续留任，陈琴仅获得口头上的表扬。

陈琴很不服气，找到老总说明理由，老板笑眯眯地说："年轻人，做领导不是只靠能力，更需要处理好人际关系，能够让大家信服。你还年轻，你好好学着点，继续努力吧!"陈琴对老总的话似懂非懂，但看见员工对"平庸"的办公室主任的尊重和支持，她似乎明白了自己输在了哪里。

作为职场新人，在工作中高调地做事是危险的。因为即使你的本事再大，也不可能做孤胆英雄，你必须和同事、领导打交道，一个只会做事，却不会与人相处的实力派女人，除了会让领导和同事有压力之外，剩下的就是遭人反感了。在这种情况下，怎么可能有好的发展呢?

有人曾说："一个善于与上司和同事打交道的人在职场上是广受欢迎的，职场生涯成功的概率也会比常人高出许多。"这句话表明，在职场上，一个人的成功关键不只是靠干实事，而且要会来事。当然，强调"会来事"不等于否定要有真才实学和实干精神，而是说在干事的基础上会来事，才更容易成功。为此，职场女人尤其是老实女人，必须明确下面几点：

第一，职场需要的是综合指标，做事能力只是其中一个指标。

不少老实女人认为，职场升职加薪的唯一指标是工作能力，只要把工作做好了，自然会得到领导的赏识和提拔，获得事业上的成功。其实，这是一个以偏概全的观点。要知道，在职场中，上司也好，老板也好，都是用综合指标来考量员工，而做事能力只是其中之一。这些指标大致包括“背景靠山”、“阿谀奉承”、“人际交往能力”、“工作能力”等等。所以，仅有工作能力有什么用呢？还需要有其他的软实力做后盾，这样你才能在激烈的职场竞争中获胜。

第二，背景靠山是你的坚强后盾。

在职场中，升职最快的员工，往往有强大的背景靠山。比如，一个女员工进公司没多久，在别人立足未稳的时候，就已经直接和上司打成一片了。当上司获得提拔时，她自然会扶摇直上。这比你埋头苦干多年却不懂得和上司搞关系强得多。

第三，学会迎合别人的心理，适度满足别人的虚荣。

在职场混，要学会迎合别人的心理，适度满足别人的虚荣。这种做法为老实女人不耻，但你不得不承认的是，一个没有背景、没有过于出色能力的人，要想从一个普通职员扶摇直上，还必须学会对上司适度逢迎。

## NO.2 ↘左右逢源，不做办公室政治下的炮灰

职场有政治，职场有战争，虽然看不见炮弹横飞，但是如果你不小心，就很可能变成炮灰，瞬间在公司烟消云散。炮灰有很多俗称，例如穿小鞋的、替罪羊、垫背的、冤大头、出局的，越往后的俗称程度越严重。

刚刚走出校门，走上工作岗位的年轻女生，本本分分、老老实实的职场女人，比较容易把工作理想化，说话比较直接，情绪比较

外露，这就很容易被人利用，继而成为政治斗争的牺牲品。

小雪就职于一家私营企业，谈起职场炮灰的经历，她至今仍心有余悸。在大学里，小雪成绩优异，进入这家公司之后，她的表现非常突出。可是有个年长的女同事跟她过不去，经常没事找事，故意为难她，性情率直的小雪气不过，就找领导诉苦。

领导对小雪说："如果你觉得她是在有意找茬，你就说出来，不要默默忍受，有不公平的地方大家都会为你撑腰的，你好好干吧。"结果，当小雪真的向那位同事表达不满时，大家却隐身而去，连一句公道话都不说。最后，领导反而批评小雪不会处理同事关系。

后来小雪才知道，原来那位找茬的同事是公司老板的远房亲戚，就连小雪的领导也对她礼让三分。小雪这才恍然大悟，后悔自己当初太幼稚。

在职场中，领导与领导之间、领导与间接领导之间、领导与领导亲信之间，经常会发生权位之争，他们面合心不合，明争暗斗，夹在他们之间的普通职员如果不懂得左右逢源，就很可能两头得罪人，成为典型的"冤大头"。

一般来说，领导之间出现权位之争或矛盾有以下几种情况：

第一种情况：原来的领导刚调走，位置空出来了，公司还没决定选谁接替这个职位。公司有两个或多个可能性的候选人，这些候选人可能工作能力突出，可能背景深厚，他们相互间不买对方的账，于是暗自争夺、拉帮结派。

第二种情况：正职没有副职能干，能力明显不如副职，害怕副职"篡权"，于是利用职权打压副职，总想排挤副职。

第三种情况：几个职权差不多的领导都有发言权，但是他们的观点经常不同，而且谁也影响不了谁。

第四种情况：领导之间表面很和谐，见面眉开眼笑，但暗地里却相互拆台。

对于四种常见的职场政治斗争，普通员工如果太老实，说话、做事、情绪表露太直接，就很容易无意中得罪一方领导。遇到这些情况，最聪明的做法是保持中立态度——谁也不得罪，谁也不倾向，和权力之争的各方保持等距离的交往，不让其中一位领导认为你和另外的领导是一伙的，从而避免导致一荣俱荣、一损俱损的恶果。

打个比方，公司里两位领导当着你的面发生争执，这时候你一定要保持沉默，或者说一些无关痛痒、劝和的话。如果这时候你实话实说，指出其中一位领导的不是，那么你肯定没有好果子吃。

再比如，处长不在公司，科长给你安排任务，要你做出表态，这时候你不妨附和科长，尽管你心里不乐意、又犹豫。也许你觉得这些做法不辨是非曲直，但是在职场丛林中，可以保证你的切身利益。

## NO.3 ↘性别优势是你不可忽视的一张王牌

虽说男女平等，但是在职场中，女性往往容易遭遇性别歧视，受到不公正的待遇。再者婚育、家庭等客观因素的存在，导致女性在很多工作上不具有竞争优势。女性的劣势是客观存在的，但是作为女性，千万不能自卑，而要认识到自己的性别优势，发挥好自己的优势，这样你同样可以笑傲职场。

在人事、后勤等传统意义的工作岗位上，女性早已大展身手了，在其他领域甚至销售等以男性为主的行业中，女性也赢得了越来越多的掌声。可以说，女性在职场中的地位在不断上升。对女性而言，在工作中也应该自信起来，而不要老实巴交地听从男人的指挥和安排，轻易受到男人的意见和观点的影响。

一般来说，女性相比于男性，有以下一些独特的优势：

优势1：细微而敏锐的观察力

在职场工作中，离不开人际交往，离不开观察人的身体语言。在这方面，女人就擅长从人的姿态、举止、言行中察觉别人的内心。心理学家通过实验研究得出结论，女人的观察力强于男人，并把这一点归结为母亲的角色体验。因为婴儿在出生后的一段时间，母亲完全靠婴儿的啼哭、表情、动作等来判断婴儿的需要和情感，因而女性的观察力更加敏锐和细微，而男性则较为迟钝。

正是因为女性有细微而又敏锐的观察力，所以，女性在社交场合往往能从容应对，不至于陷入窘境。女性往往可以通过细微的观察，比如，从别人的衣着打扮、言行举止，判断对方的性格，捕捉对方内心的真实想法，从而采取相应的对策。

优势2：语言表达、沟通能力

在社交活动中，女性的优势非常明显，那就是女性的语言表达能力胜于男性。有研究证明，男性在说话时只使用左脑，而女性在说话时则同时使用左右脑。因此，在脑功能上，女性的语言天赋强于男性，比男性更善于与人沟通。因此，女性在营销、服务等行业较有优势，在与人沟通中容易给人一种感化力和亲和力。

不知道你是否发现，有些公司很大很有名气，但是老板却不擅长沟通，他们需要专业的职业经理人帮忙完成沟通，这包括与员工沟通，也包括与客户沟通。很多公司的人力资源经理是女性，这是因为女性擅长给别人讲道理，擅长做说服、引导工作。

优势3：缓解冲突

女性在与关系亲密的人交往时，往往更具有攻击性。不过，她们的攻击性表现在口头上，而不是肉体上。真正遇到矛盾冲突时，女性往往会选择息事宁人的策略，想尽办法化解冲突，缓解紧张情绪。某杂志曾刊登了一篇关于女警员的报道，文中指出，女警员化解冲突的能力名列前茅。文章还引用一位警察局官员的话："女性在心理攻势上表现得游刃有余……她们往往三言两语就能缓解冲突。"

优势4：打生场、开局面、拉关系

女性在打生场、开局面、拉关系方面的能力，明显强于男人。比如，女性新到一个单位，比男人更容易被接纳。尤其是那些年轻貌美的女性，更容易快速地融入群体，要不了几天，就会和大家混得很熟。姿色貌美的女性还很容易成为焦点人物，成为大家关注的重点。

与男人相比，女性在工作上比较容易出成果，除了那些尖酸刻薄的女强人，一般女人比较具有吸引力和凝聚力。尤其是当一个女人置身于男人堆中，她的举手投足都会受到男人的欣赏，工作上更容易得到大家的支持。因此，工作起来往往事半功倍，四两拨千斤。

与男性相比，女性在搞关系上，也非常有优势。尤其是那些相貌出众的女人，她们的出现和接近往往会让男人心花怒放，她们一句甜蜜的问候，一个忽闪的眼神，就能轻易俘获男人的心。难到你没发现吗？在职场饭局中，公司领导总喜欢带着漂亮的女员工去陪酒，为的就是发挥女性搞关系的优势，与客户达成合作协议。

当然，女性的优势还有很多，关键要靠女性自己去发现。所以，在职场中，女人不要自卑，不要太老实，不要甘当男人的助手和陪衬，而要善于发挥自己的性别优势，赢得良好的人缘，让自己在职场如鱼得水。

## NO.4 ↘当领导遭受挫折时，要和他站在一起

人生不如意事十有八九，谁都有经历挫折、遭遇失败的时候。如果你懂得在别人遭受挫折的时候伸出援手，给予支持，那么你将会被别人铭记和感激，并且对方会把你视为真正的朋友。退一万步说，就算你不被铭记和感激，别人也会对你心存好感，与你为善。

假如有一天，你的领导遭受挫折了，公司出现危机了，大家都纷纷表现出失望，有些人甚至有离开的意向，而你依然对领导不离不弃，给领导鼓励和支持，那么你在领导心目中的地位绝对不一样。如果有一天公司起死回生了，领导肯定会提拔你、重用你，你自然能麻雀变凤凰，摇身一变成为领导身边的得力干将。

在搞笑片《做次有钱人》中，唐耀经营的房地产公司实力雄厚，成为行业里的巨无霸。然而，在公司的发展历程上，并非一帆风顺，曾经有一次甚至险些倒闭。当时，公司的很多员工都对公司不抱希望，有些员工还辞职或另谋高就了。可是，有个名叫林培的女员工鼓励唐耀不要灰心，坚信公司未来会有好转。

在公司面临危机，在领导遭受挫折的时候，林培的不离不弃和用心支持给了唐耀很大的信心和力量。后来，公司从困境中走出来，林培成了唐耀的得力助手兼秘书，负责公司日常的大小事务。在公司里，林培有非常高的威望和实权，在唐耀因病无法主持公司事务时，林培全权负责。

林培之所以有后来的飞黄腾达，关键在于她在领导遭受挫折、

公司陷入困境的时候不离不弃地和领导站在一起，给领导支持和鼓励。这种类似于雪中送炭般的帮助和支持，是一个人战胜困境、走向成功的巨大动力。

也许你会说："林培是个老实女人，傻傻地不离不弃，她是傻人有傻福。"其实恰好相反，林培并不是老实女人。要知道，老实女人见到公司有危机，会想当然地躲避、逃离，而林培却不这样，这正是林培会来事、有远见的表现。

我们知道，人是群体动物，需要鼓励和支持。尤其是公司的领导，在工作环境中很少有朋友，而下属一般对他们表现出敬畏的态度，这让他们有一种孤立的感觉。当他们遇到逆境，遭遇挫折时，就更希望得到支持和帮助。因此，如果你这时候雪中送炭，给领导想要的支持和鼓励，对领导不离不弃，表现出你的忠诚，领导肯定会感激你。就算你帮不上实质的忙，只要你心意尽到了，领导也会感激你的支持，以后共事就容易许多。

职场如战场，今天风光无限的领导，明天可能就狼狈不堪；这个月公司还平稳发展，下个月可能就出现倒闭危机。职场风云变幻超出我们的想象，如果有一天，你的领导陷入这样的状况，切记不要想当然地贸然行事，千万不要单纯地认为领导"完了"。只要领导还没有离开他的岗位，就意味着他还是你的领导，你就应该听从他的号令。

当然，如果最终他还是离开了公司，你对他的支持也不会白费。要知道，在绝大多数公司，一个高职位的领导离职之前，上级一般会向他咨询谁适合接替这个职位，这就是你的机会。因此，无论从私人情感出发，还是从功利的角度出发，你都有必要与领导站在一起，哪怕他遭受挫折了，你也不能轻视、怠慢他。

那么，在领导受挫时，我们该怎样支持他呢？

首先，尽可能了解事情的原委，积极地配合领导的工作，像从前那样支持领导。

其次，在私下里，对领导表示关心和鼓励，切记不要在公共场合表示关心和鼓励，否则，领导会误以为你在嘲笑和羞辱他。

再次，积极思考，为领导出谋划策，帮领导走出困境。

总而言之，无论你是在语言和精神上给领导安慰，还是在行动上给领导出谋划策，帮助他解决困难，都会让领导感到温暖，从而对你产生视如知己般的感激之情。

## NO.5 ↘到位而不越位，永远不要抢上司风头

身在职场，最重要的一点是给自己准确的定位。既不能压低自己，表现得自卑，让上司看不起你，又不能故意抬高自己，抢了上司的风头，给上司造成不快。作为下属，关键在于执行上司的决策，同时又要把功劳让给上司，关键时刻让上司做主，表现出对上司的重视，这样上司才会开心。只要上司开心，对你有好感，那么你的前途就无限光明了。

然而，有些老实女人没有这个意识，她们虽然能力出众，颇为能干，但是经常忘乎所以，忘了自己是下属，忘了重要的决定应该由上司来做，结果越位了、抢了上司的风头，这可是犯了职场大忌，自然没有好果子吃。

有一次，销售部的张经理带小雨出差谈生意，因为客户代表小赵是小雨的大学同学。张经理希望以这层关系为突破口，搞好公关，拿下这笔单子，同时，也锻炼锻炼小雨。

见面之后，小雨很快就和老同学小赵热乎起来，不仅给小赵详细地介绍了公司的产品，还天南海北地聊起来。谈着谈着，小雨忘

乎所以了。当他们谈到一些合同细节时，小雨没有征询张经理的意见，居然自己拍了板，让坐在一旁的张经理很尴尬。

中午用餐的时候，小雨又抢了上司的风头，她自作主张地点了一桌子的菜，和小赵继续神侃，把张经理撂在一边。午餐结束时，看到满桌子的剩菜，想着餐费大大超支，张经理心里更加不满意。回公司的路上，小雨傻傻地问张经理："张经理，今天我的表现你还满意吧？"

张经理冷冷地说："嗯，不错，让我印象深刻！"可是小雨没想到，从这以后，张经理出差时，再也不带小雨了。

尽管小雨在这次谈判中起了重要的作用，但是她却天真地以为上司可以容忍她的越位，根本没有把上司放在眼里，凡事自作主张。这样不会来事的员工，怎么会得到上司的器重呢？

在与上司相处的过程中，小到出去买瓶水，买盒快餐，大到与客户谈判、安排出差的行程，都应该先听听上司的意见，以免做出喧宾夺主的行为。最佳做法是提出建议，说明理由，但要把最终的决定权交给上司，切莫自作主张。

在职场中，有些女人长期在上司身边工作，深得上司的信任，时间一长，她们就产生了错觉，以为深得上司的重用就可以消除与上司之间的上下级关系，从而不自觉地把自己当成上司，替上司做起主来。这是老实女人常犯的错误，虽然她们的出发点是好的，是想替上司多分担一点工作，维护公司的利益，但这种做法却让上司很不舒服，因为他才是最后拍板的人。

所以，在工作中，作为下属，你要永远记住：你只是上司的助手，是上司的参谋，是上司执行决策的干将。无论上司多么器重你，怎么和你以兄妹相称，你都不要得意忘形，不要逾越与上司之间的界线。如果你不懂得这一点，纵然你再能干，也不可能得到上司的重用。

刘菲大学毕业后，在一家知名传媒公司做策划。入职两年，她既能干又努力，工作上很少犯错。但奇怪的是，尽管她业绩突出，但是却没有得到上司的器重。而业绩不如她的张密，却接连几次升了职。这到底是为什么呢？

其实，原因出在刘菲身上。原来，刘菲是个性情率直的人，做事不喜欢绕弯子，自己能做主的，从不请示上司，她想着反正上司也是这么认为的，何必多此一举呢？所以，干脆自己做主，根本没有顾及上司的感受。

比如，有一次，策划部开会，上司让刘菲做记录。会议结束后，刘菲把会议记录整理好了，都没给上司看，就直接递交给老总。老总看了会议记录，大大夸赞了刘菲，这让上司非常不爽。

从这以后，上司不再让刘菲做会议记录，每次会议她都只能当一个无聊的听众，而她擅长的文案整理功夫也没机会发挥。加薪时，自然没有她的份儿。

其实上司心里明白得很。反倒是做人实诚的刘菲目中无人，没有给上司留面子，没有照顾上司的感受，才导致上司反感她。可见，在职场上光会做事是不行的，还要善于体察上司的内心需要，给足上司的面子，只有让上司风光无限，你才有机会迎来明媚的春天。

## NO.6 ↘可以扮亲近，但不能玩暧昧
## ——如何应对上司的邪念

在职场中，女下属和男上司之间以工作为基础，很容易产生暧昧的情愫。因为两人在工作上有长时间的接触，比如，一起讨论问

题，一起加班，一起克服某个工作难题，一起出差……彼此之间相互照顾，所以，暧昧便有了滋生的沃土。

然而，女人必须明确一个前提：你和上司之所以有机会一起共事，最根本的前提是以利益为纽带的工作。如果你是一个窝囊废，上司怎么会欣赏你、爱慕你呢？所以，上司和你搞暧昧，对你有邪念，出发点是你有利用价值。

假设一下：如果有一天，你们之间的暧昧关系东窗事发，你和上司的个人形象以及名声将大受影响，到时候走人的是你。到那时，上司还会把你当做宝吗？所以，暧昧这种朦胧的、美好的情愫放在职场中，注定是没有好结局的。所以，女人不要太老实，不要被上司的甜言蜜语哄骗。相反，你要与上司划清情感界限，巧妙应对上司的邪念。

何小姐是一家大型医药公司的销售代表。这份工作极具挑战性，无论是在与人沟通方面，还是在对专业知识的掌握上，无论是对市场动向的把握上，还是在体力的支配上，都要承受不同寻常的考验。何小姐经常出差，几个小时前还在与客户谈判，几个小时后就到了另外一个城市。

在公司，每个销售代表的业绩都是公开的。如果你完不成公司规定的销售额，你就会有一种无形的压力；如果你顶住了压力，业绩节节攀升，就会受到顶头上司、销售经理或老板的青睐。

何小姐进公司不久，就碰到一个难啃的客户。经过半个月的艰难公关谈判，终于签下了这个大单，她业绩猛增了数倍。老板一下子关注到了何小姐，发现她是个踏实肯干、内心单纯的老实人，而且长相秀气，于是就对她动了邪念。

一天，老板邀请何小姐出去吃饭，说是为了庆祝她业绩增长。何小姐当时简直高兴得眉飞色舞。吃完饭之后，老板邀请她跳舞，她居然毫不犹豫地答应了。以后老板经常邀请她出来吃饭、打保龄球、桌球，多半是借口庆祝她在工作上的突出表现。

当然，何小姐虽然老实，但是一点都不傻，时间长了她也明显感觉到老板的暧昧。有时候她不想答应老板的邀请，但是又不知道怎样拒绝，害怕拒绝不当得罪了老板，于是就答应了老板的邀请。

一来二去，难免有人在背后议论何小姐和老板的关系，这其中有些人是出于嫉妒何小姐的出色表现。更可悲的是，何小姐的男友得知这些事情之后，对何小姐也失去了信任，这让何小姐非常烦恼。

作为职场白领女性，面对上司的暧昧和邪念，不能老实地接受，而要聪明地拒绝或暗示，让上司明白你的意思。如果你总是含含糊糊地应对，就很容易使上司误以为你默许他的投怀送抱。

怎么拒绝、暗示呢？这当然需要技巧，下面就来介绍几招：

第1招：微笑是最好的回答

当上司邀请你吃饭或约会，希望你立即给予答复时，你不妨微笑着看着他，表现出犹豫状。比如说，你的上司对你说："晚上一起去吃饭吧！"你可以不直接回答，而是笑着作欲言又止状，上司可能会惴惴不安地问："你没时间吗？"于是你顺水推舟说："是啊，我和朋友约好了，真对不起啊！"这样一来，你在微笑中拒绝了上司，又不至于使你们陷入难堪的局面。

第2招：用幽默的方式回应

小玲是一位可爱的女孩，很受上司的喜欢。在一个月色迷人的夜晚，上司和小玲吃完饭，坐在桌边品咖啡。突然，上司双手握住小玲的手，有些激动地说："你可以做我的女朋友吗？"

小玲马上反应过来，笑着说："我难道不是你的'女朋友'吗？"

上司一惊，有些疑惑地望着她。小玲说："我们是朋友，而且我是女孩子，所以，我是你的女朋友啊！"上司明白了小玲话里的意思，放开了她的手，说："对哦，你是我的女朋友。"

第3招：防患于未然

身在职场，女性要时刻有防患于未然的意识。特别是美貌的女性，更要强化这方面的意识。所谓预防，就是不要和上司有单独相处的机会。比如，尽量少和男上司单独出差；尽量少和男上司一起加班；无论上司说什么，都不要轻意赴约领导深夜谈话。或许你觉得这也太小人之心了，但是作为女性，你必须学会防范，对你是没有坏处的。

## NO.7 ↘与男性同事相处，注意保持最佳距离

职场就像一个大染缸，能把白的染成黄的，把黄的漂成黑的，老实女人一不小心，就背上了种种莫须有的罪名——暧昧，使女人的形象大受影响，在职场举步维艰。那么，如何才能避免暧昧事件发生在自己身上呢？其实关键在于和男同事保持适当的距离。

俗话说："距离产生美。"距离既指空间距离，也指心理距离。在小小的办公室里，要与男同事保持恰当的距离——既不要和他们靠得太近，也不要和他们聊得太亲，这样才能远离"搞暧昧"的罪名。

现实中，有两种老实女人，她们在与男同事相处的时候，对待

“距离”的看法是这样的：

第一种老实女人，就像古代女子一样，生怕与男同事发生肢体接触，总是躲着男同事。比如，说话的时候，站在离男同事较远的地方；递文件的时候，生怕男同事的手接触到自己。这种女人死板、传统的表现，会给人留下难以亲近的印象，不利于她们维护好自己的人际关系。

第二种老实女人，她们生性率直，从来不把男同事当男人看，而是把男同事当同性看待，和他们有说有笑，打成一片。甚至男同事与她们勾肩搭背，她们也丝毫不反感。这种女人其实内心非常单纯，但是由于她们没有把握好与男同事的距离，很容易给男同事造成误会，从而被卷入暧昧之中，还会受到同事们的非议。

在这个两性工作交流频繁的时代，男女同事之间需要交流工作，需要搭配工作，这样有助于提高工作效率。因此，我们既不提倡不和男同事接触，因为过分拒绝和异性相处，不仅不像个现代女人，还会妨碍你职场角色的扮演；我们也不提倡和男同事打成一片，毕竟女人始终是女人，就算你内心再单纯、再怎么没有杂念，也应该和男同事保持恰当的交际距离，以免犯忌。

美国加州性关系学会副主席基辅尼斯曾经说过：“我们不打算把工作场所的两性关系立法。两性可证实我们的身份，而且也不可能工作时彻底杜绝两性关系问题。”承认男女之间日久生情是一回事，在行动上保持距离又是一回事。与男同事保持最佳距离，女性需要注意以下几点：

第一，着装要适度。

某保险公司 21 岁的女秘书穿着短裙上班，被上司批评：“你要为你的穿着负责，你穿着么短的裙子，难道不是在对办公室里的异性发出信号：‘看看我’吗?”这个例子不是说女人不该穿短裙，而是要注意穿着适度。《工作场所的性骚扰》一书的作者苏珊曾表示，女人没必要掩盖女性曲线，但是在工作场所的着装不应该是带有挑逗性的。”

第二，说话要谨慎。

在办公室里和男同事交流时，女性要注意用词，切忌和男性一样用粗俗、不文明的词语交流。这并不是说男性天生喜欢用粗俗、不文明的词语交流，而是说男性不那么注重细节，说话比较率真。同时，要避免和男性开两性关系的玩笑，面对男性开的黄色玩笑，女性应该聪明地说“不”。

第三，注意身体发出的语言。

非语言交流的专家们通过研究发现，男人会把女人的25种姿态视为挑逗性的动作，比如，甩头发、直视男人的眼睛、用手摸胳膊、微笑、碰一下男人、把大腿架起来又放下等等。所以，女人在与男同事相处时，尽量避免表现出挑逗性的动作，以免激起男同事的邪念。

第四，与男同事保持交往密度。

有些女性在下班之后，依然和男同事一起从事娱乐活动，比如，吃饭、约会、游玩等等，这种过于亲密的交往很容易使男女产生暧昧之情。其实，恰当的做法是公事公办，在公司与男同事保持协作关系，在工作之余，尽量少和男同事往来。

第五，举止不要过线。

某公司的女职员生性豪放，一天，她得知自己的业绩在公司排名第一，兴奋地拉着一位关系不错的男同事的手欢呼雀跃。这一举动引起了那位男同事的误解，也引来了其他同事的非议。类似这样的举动，女性一定要注意避免。因为男女授受不亲，随意的肢体接触会损害自己的形象，还容易引发不必要的误会，最好还是免了吧！

## NO.8 ↘与女上司打交道要注意哪些细节

现代社会，女人可以顶起半边天，女人的职业能力越来越强。女上司在公司也越来越多，她们之所以能成为上司，肯定在某些方面有过人之处——要么专业水准高，要么富有敬业精神，要么能吃苦有韧劲，或许她们背后还有一个特别欣赏她们的上司。

老实巴交的你如果遇到了这样的女上司，是福也是祸。一方面可以从女上司身上学到东西，另一方面，可能会受尽折磨，被工作累趴下。当然，还可能一不小心触碰女上司的敏感神经，成为女上司的“敌人”。

瑶瑶从小生活在男人的世界，在家里有爸爸和哥哥护着。大学毕业后，进入的第一家单位男多女少。她习惯了来自异性的关心和谦让，起码每周的公司大扫除她基本不用干。后来，瑶瑶跳槽到一家外企，她的上司是一位女强人。这位女上司已经40多岁了，照理说，她和瑶瑶完全不是一个世界，不是一个层次的人，根本没有可比性，但是瑶瑶依然强烈地感到她暗地里同自己较量。

上班的第一天，瑶瑶在女上司面前还未站稳，女上司就不冷不热地说：“我们办公室可不允许穿超短裙!”老实的瑶瑶心直口快，居然回了一句：“这哪短啊?”顿时那气氛冷到了零点。事实上，瑶瑶的裙子一点都不短，可能是她的双腿太纤细，引起了女上司的嫉妒。后来，瑶瑶得知女上司的情况，原来她离婚了，原因是前夫有了外遇。因此，她对漂亮女子羡慕嫉妒恨。

在工作中，瑶瑶经常要参加外事活动。由于她的相貌好，气质出色，在人群里总是显得很突出。经常有客户问瑶瑶一些问题，诸如“哪个学校毕业的?”“学什么专业的?”等，每次瑶瑶总是一五一十地回答。但久了，瑶瑶发现女上司总是略带敌意地观察她，回到公司则找茬发脾气。这让瑶瑶不得不对自己以往的言行进行反思。

要明白，这样的女上司能干，喜欢争强好胜，喜欢和别人比较。渐渐地，瑶瑶在与女上司的交往中总结了一些与她打交道的秘诀：

秘诀1：朴素穿着。色彩不要太鲜艳，款式不要太潮流。这样一来，给瑶瑶省去了不少麻烦。

秘诀2：让女上司去出风头。瑶瑶告诫自己，自己始终是陪衬，女上司才是“老大”，所以，有出风头的机会要让给女上司。

秘诀3：给足女上司面子。女上司爱面子，因此，多给女上司赞美，多把功劳让给女上司，让女上司有面子。

自从瑶瑶按照这些交往秘诀与女上司相处，她发现女上司对她的感觉好了很多，不再有以往那种莫名其妙的挑刺了，她们彼此都相处得很愉快，瑶瑶也越来越受女上司赏识。

有首歌叫《女人是老虎》，女人真的有那么可怕吗？女上司真的那么难打交道吗？其实不然，老实单纯的瑶瑶都能与刁钻的女上司和谐相处，你为什么不能呢？或许是你还没找到与上司打交道的秘诀，没有注意与女上司打交道应注意的细节吧！下面，就给你支几招：

第一，不要当众让女上司难堪。

女上司最怕什么？最怕下属不服她，所以，明智的话就别挑战她的权威，否则，她很可能记仇，不让你好过。如果你想为她出谋划策，不妨在众人离去之后再给她提建议，或者干脆写邮件向她提建议，并加上理性的分析。只要你的建议有价值，她肯定会对你刮目相看。哪怕你的意见一般，她也会对你产生好感。

第二，不要在女上司情绪不好的时候惹她。

女上司承受的压力非常大，情绪失控也是常有的事，聪明的你最好避开她不佳的情绪。特别是当女上司挨批之后，或者个人情感出问题了，或者家里出了麻烦事时，女上司的情绪很容易受到影响。这个时候，你千万别去火上浇油。

第三，要舍得在体力上为女上司付出。

无论你多么骨瘦如柴，在女上司身边都必须舍得干体力活。比如，你和女上司一起出差或拜访客户，一定要主动承担体力活，帮忙拉个行李箱或提电脑。这样能让女上司获得一种优越感，保持自己优雅的外表，从而减少体力透支，以便增加工作效率。你甚至可以在不知不觉中，弯下腰去把上司高跟鞋上的脏东西擦掉。女上司一定会把你的关心和爱护记在心里。

第四，要懂得为女上司送上关怀。

女上司不差钱，也不差名牌服装和化妆品，所以，千万不要为了讨好她而花大钱给她买礼物。这样做不仅浪费钱，还会让她觉得你心怀鬼胎，反而对你产生不好的印象。如果你想和她搞好关系，不妨从小细节上给她关怀，比如，在特别的日子送一枝花给她，放在她的办公桌上，她肯定会心头一热；在节假日，给她发一条用心编辑的短信；在上司疲惫的时候，给她端来一杯热茶，等等。这样你就很容易俘获女上司的心。

## NO.9 ↘除非不想混了，否则不要跟上司唱反调

古语有云：“金无足赤，人无完人。”任何人都有犯错的时候，再聪明能干的上司也会犯错，也会做出不明智的决策。这时候你如果不顾上司的面子，当众和上司唱反调，那么你就等着吃苦果子吧。

媛媛毕业于一所名牌大学的营销专业，毕业后在一家公司的市场部做统计工作。她为人实在，有一说一，有二说二，朋友曾对此提醒过她，叫她说话注意时机和场合，给别人留面子，但是她不听。后来在工作上，她因为说老实话栽了个大跟头。

一天，市场部总监召开营销人员会议，安排下一步的营销工作。会议开始后，总监让媛媛宣读一份销售方案，然后让大家发表意见，媛媛见没人发言，于是做了“第一个吃螃蟹”的人。在发言的时候，媛媛引经据典，说得头头是道，让大家意识到这个销售方案是行不通的。

总监听完媛媛的发言后，当即表示公司其实有意想放弃那个没有潜力的市场，因为公司在那个市场上投入的成本超过了收益。总监阐述完制订方案的指导思想后，媛媛又说：“既然公司有意想放弃那个没有潜力的市场，为什么还要制定这个销售方案呢？还拿来讨论，我觉得这是浪费时间。”

总监表示，公司此次制定这个销售方案，为的是最后一搏，希望大家执行销售方案，争取最后关头力挽狂澜，给公司挽回一点损失。大家听了总监的话，纷纷表决心，说一定会好好执行新方案，力争为公司挽回损失。这更衬托了媛媛的桀骜不驯。

没过几天，总监找媛媛谈话，说公司决定把她调到一个业绩差的办事处工作。媛媛早就听说公司不久后要撤掉这个办事处，为什么还要调她去呢？当同事问媛媛为什么公司派她去那个办事处，媛媛居然炫耀道：“总监说让我去那里改变糟糕的局面。”同事心里暗笑，那不过是总监的借口，下一步办事处一撤，你就跟着下岗吧。果然，不久后办事处撤销了，媛媛也被裁掉了。

老实人说老实话，与上司唱反调，这可是与上司交往的大忌。要知道，上司在公司有相当高的权威，如果你当众向上司提意见，或发表与上司不同的观点，言语中带有争辩和不服的口气，那么你让上司的颜面何存？当你据理力争，逞一时之快后，你的上司已经满脸不悦了，以后你还想不想在上司的手下混呢？

在职场中，有些女人认为上司能力不如自己，有意无意地表现出对上司的不服。这种做法是非常愚蠢的，要知道，上司再逊色，也是你的上司，你对上司不尊敬、不服气，反倒让自己落得一个“不尊重领导”的罪名，到时候你将有口难辩。

其实，上司就是一本教科书，如果你懂得阅读上司，那么你就能从他身上学到很多东西。比如，有些老实人对上司不合理的工作安排产生抵触，认为上司的安排不合理，认为上司故意刁难自己，然后不服气，公然和上司唱反调，这也是不应该的。

张洁毕业后进入了一家公司。刚开始上班时，她认为只要做好本职工作就行，但是后来上司经常把不在她工作范围内的事情交给她做。比如，打扫办公室，整理办公桌等，当她没做好时，上司还会批评她。这让她感到非常郁闷，觉得上司是有意在整她。渐渐地，她产生了不良的情绪。

后来，一位老同事悄悄告诉她：“这是公司的规矩，上司喜欢用这种方式考验新员工，你千万不要表现出反感，更不要和上司唱反调。”听了同事的话之后，张洁马上转变了态度，从此，什么脏活累活她都积极地去做，深得上司的赏识。半年后，她就被提拔为办公室主任助理。

虽然有的上司能力不一定比你强，但是在用人方面，他们比你老练很多。所以，无论是出于晚辈对长辈的尊敬，还是下属对上司的服从，你都有必要与上司保持步调一致。

举个例子，如果上司制定了一项措施，并且已经开始实施了，这时即使你发现这项措施有漏洞，也要坚决执行。因为上司的决定已经不可更改了，你与他唱反调不但不会对事情有帮助，反而把你推向了上司的对立面，这是完全没有必要的。

办公室是一个学问深奥的地方，如果你想在办公室里左右逢源、八面玲珑，就必须学会来事。在与上司相处的时候，一定要避免与上司唱反调。如果你真的想提建议，不妨私下跟上司说或写邮件。如果上司不接纳，也不要与之争辩，而是要坚决服从上司的决定，这才是明智的选择。

## NO.10 ↘适当犯点小错，领导指点你时要谦虚接受

老实女人总以为在领导面前要表现得完美无缺，才会得到领导的赏识，因此做事谨慎小心，总是把事情做得尽善尽美，让领导找不出毛病。然而，事实并非如此，倒是那些时常犯点小错，让领导有机会指点一下的人更容易赢得上司的好感。

某财政局长手下有两个秘书，一个叫小张，一个叫小宋。两人都毕业于名牌高校，都写得一手好文章，才华不相上下。但是几年下来，小张成了局长手里的红人，晋升之路畅通无阻，成了秘书科的科长，而小宋依然是个普通秘书。

为什么同样能干的人，职业前景却截然不同呢？原来，两个人在处理与局长的关系时有不同的做法。小宋擅长领会局长的意思，写的稿子基本上一锤定音，局长根本挑不出毛病；而小张则显得有些“笨拙低效”，每次交上去的稿子总有些不尽如人意的地方，经过

局长一点拨，她再一修改，就变得非常完美。

不管你承认不承认，那些表现出色，在工作中从来不出差错的人，并不一定能得到领导的重用，甚至都无法赢得领导的好感。因为他们表现得太完美，第一，领导无法表现好为人师的特点，无法在下属面前显示自己的才干；第二，他们的进步与领导根本不挂钩，根本无法体现是领导的教导有方；第三，下属的完美表现反倒衬托出领导的逊色。这就是完美的缺点。

相反，那些大错不犯、小错不断又喜欢和领导亲近的员工，更容易给上司预留发挥才能的空间，让领导在他们面前获得成就感、优越感，即便下属今后升职了，领导也可以骄傲地说："那是我培养出来的人才。"可见，适当地犯点小错，让领导有机会在你面前指点江山，以满足领导的虚荣心非常重要。

月茹是一个做事认真的女生，每次领导布置下来任务，不管有多难，她都会在领导规定的时间内完成，从来不说辛苦，从来不说"做不到"，从来不向领导请教。按理说，月茹这样的员工应该深得领导的赏识，但事实却不是这样，月茹感觉领导和她就是两个陌生人，或者说是两个公事公办的职员。

倒是月茹的几个同事，做事虽然不那么干脆利索，却和领导相处得非常融洽，似乎总能得到领导的提点和赞扬。疲惫的时候，月茹也大惑不解，不知道问题出在哪里。

一天，领导把一项新工作交给月茹，工作内容与月茹所学的专业相差甚远，很长一段时间，月茹一头雾水，不知道从何下手。于是她买了相关的书籍临时抱佛脚，最后终于在领导规定的时间内完成了工作。

当月茹把工作成果交给领导时，内心有些忐忑，不知道做得好不好，生怕自己没做好，领导批评她。第二天，领导对月茹说："你完成得很好，不过，有些地方要略加修改，我已经修改好了。”领导把修改后的方案给月茹，月茹一看，发现经过领导的修改完全摆脱了她原有的声色，不仅流畅易懂，而且非常专业。

月茹压抑不住内心的兴奋，当即称赞道：“领导真不愧是做领导的，经您略加修改，原来那个生涩的方案一下子变得非常成熟、细致了，真是不折不扣的点石成金啊！”

领导听了月茹的赞扬，显得非常惊讶，但很快就露出了灿烂的笑脸，轻松地说：“你的工作做得很不错，只是有些地方比较陌生，所以，以后还要多学习啊！”

月茹听懂了领导的意思，高兴地点了点头。从那以后，她经常向领导请教问题，并且对领导的回答加以赞扬，几次之后，领导就彻底改变了原来对她的态度，开始赏识和重用她了。

好为人师似乎是人性的本质，尤其是做领导的，更希望在下属面前点拨几下，以彰显自己身为领导的优越感和高明之处。如果你明白领导的这种心理，在领导指点你之后，对领导的指点加以真诚地赞扬，那么领导一定会非常高兴。

当然，如果在平时的工作中，你遇到了困难积极地向领导求教，或有意识地犯点小错，让自己在领导的指点下进步，领导会更加有成就感。所以，说到底做人不能老实，不能只会干事，却不会迎合上司的内心需求。否则，你在职场永远难有上升的机会。

# 第四章

## Chapter 4

## 人际关系决定你的富贵命

不管你是否承认，攀龙附凤是人性的一大特点。见到别人升官发财了，我们看别人的脸色、跟别人说话的语气也不一样了，希望和他搞好关系，以便日后他对自己有所照顾。其实，这是人之常情，老实女人不要认为攀龙附凤是巴结人，是低贱的事情，而应该走出自己的小圈子，多攀关系，多交朋友，正所谓“朋友多了路好走”、“多条关系多条道”。

BEING A WOMAN SHOULD NOT BE
TOO HONEST

## NO.1 “攀龙附凤”——女孩的处世必修课

自古以来，对富人的巴结，对成功者的讨好，对权贵者的逢迎，就是人性的通病。虽然说起来不怎么好听，做起来不怎么好看，但不可否认的是，攀龙附凤是我们在这个复杂的社会中生存下来、顺利地走向成功的重要途径。因此，老实女人无需抱怨什么，也没必要指责那些攀龙附凤的人，相反，在有些时候还必须学会攀龙附凤，这对自己是有好处的。

其实，攀龙附凤往好的方面说叫“借力”，借用别人的名气、智慧、权势、资源等等，来帮助自己达成目标。毕竟很多时候，个人的能力是有限的，善于借用别人的智慧是必须的。无论是在商业中，还是在官场中，亦或是在职场中，“攀龙附凤”都是必须的。下面这个故事对老实女人非常有启发意义：

几年前，有位名叫布杜拉的土耳其人，他本来是个穷困潦倒的人，但是由于他善于攀龙附凤，不但有了许多名人朋友，还把自己变成了一个百万富翁。他到底是怎么做到的呢？

说来也很简单有趣，他把很多世界名人的照片放在自己的签名薄里，再模仿名人的笔记，把名字签在照片的下面，然后他拿着这个签名薄浪迹天涯，专门拜访工商巨子和知名富翁。

见到名人之后，布杜拉就说：“我是你的仰慕者，我从千里之外的土耳其来拜访你，就是为了得到你的一张照片，放在这本世界名人录上，再请你签上大名，我们会给你加上简介，等它出版之后，我会给你寄一册过来。”

这些人都是有钱人，又喜欢摆阔，又爱面子，听到布杜拉这么说，他们觉得自己能跟世界名人排在一起，便感到风光无限，所以，他们会毫不犹豫地给布杜拉一些钱，多则几千美元，少则几十美元。因此，布杜拉除了得到名人的照片、语录和签名之外，还顺便获得了财富。把这些钱累积起来，布杜拉共计收入500万美元。

布杜拉是聪明的，他通过一本签名簿来向富人借力，在这个过程中，他不但抬高了自己的身价，还满足了富人的虚荣，同时又获得了自己想要的财富。由此可见，聪明的攀龙附凤并非低三下气的祈求，相反，它是一种艺术，是一门学问，是可遇不可求的赚钱方式。

对于涉世不深，对于老实做人的女人来说，学会攀龙附凤显得尤为重要。因为很多老实女人一生老实，宁愿受苦受累，也不愿意多说一句好话，迎风拍马，到头来，累死累活，却过得不如意。何苦这样呢？所以，如果你想出人头地，就一定要学会势利一点，世俗一点，这样才能突破人脉的局限，扩大自己的交际圈。那么，怎样攀龙附凤呢？

第一，了解别人的关系网，做好外围的工作。

任何一个人都有自己的关系网，如果你想和某个人攀关系，就必须先了解他的关系网，做好外围的工作，比如，他的身世、他的社会关系（同乡关系、亲属关系、朋友关系、职场关系等）、职业、个性特点等。掌握了这些信息以后，鉴于你与这个人没打什么交道，你可以采取“曲线救国”的策略，让熟悉那个人的朋友把他带出来，比如出来吃饭、KTV、开Party等，于是你就有机会和他打交道，从而和他建立联系。

第二，采用委婉自然的方式，牵动旧情。

与你想结交的人打交道时，拉关系是必须的，但是拉关系不能生拉硬扯，本来没有亲戚关系，非要扯出亲戚关系；本来和对方的某个朋友没有交情，却偏要编出和对方情深意重。这样很容易引起对方的反感和鄙视。

聪明的女人在拉关系的时候，应该循循善诱、顺理成章，委婉自然，给人一种“不经意提起，却一语中的”的感觉，从而牵动对方的旧情，甚至让人在旧情旧事中沉醉。如果你能把关系拉到这个份上，还愁和对方成不了朋友吗？

第三，讲究场合，到什么山上唱什么歌。

攀关系要注意场合，在众目睽睽之下，不便与别人攀关系。因为在这种场合，谁愿意公开自己的身世和社会关系呢？相反，你还会给别人留下一种多事、多情、巴结人家的丑恶嘴脸。所以，要想和别人攀关系，不妨在私下拉家常、唠闲嗑的时候，或在酒桌上小酌两杯，在茶余饭后散步的时候，在这些类似的场合里，攀关系最容易打动人家的心。

第四，讲究攀关系的方法和艺术，见什么人说什么话。

攀关系要注意方法和艺术，必须学会见什么人说什么话。只有懂得这一点的女人，才会通过投其所好赢得别人的好感。比如，你想和某公司的一位高层领导攀关系，假如他是一位特别顾家的男人，你和他攀关系的时候，不妨多聊聊家常；假如他是一位篮球爱好者，你不妨和他从聊篮球开始；再者，由于他是公司的高层管理者，对行业内的信息特别重视，因此，如果你发现他的竞争对手有什么风吹草动，你可以把这个信息转告给他，不知不觉成为他的情报人员，赢得他的好感。由此可见，要想和别人攀关系，就要善于捕捉对方的心理需求和兴趣爱好，学会投其所好。

## NO.2 ↘辩证地看待“一切靠自己”

莎士比亚曾说过：“愚笨的人往往认为自己很聪明，而聪明的人却一直认为自己很笨。”自以为聪明，认为一切可以靠自己，这是老实人的致命弱点。之所以说它是弱点，而不是称其为“自信”，是因为在现实中，很多事情单凭一己之力，根本无法做成。如果你过于固执地单打独斗，势必会以失败而告终。就像下面这个故事讲得一样：

从前，有位长者见到两个饥饿的人，给了他们一根鱼竿和一篓鲜活的鱼。其中，一个人要了鱼竿，另一个人要了一篓鱼。然后，他们分道扬镳。得到鱼竿的人加快步伐，想快点找到垂钓的地方，可是路途太遥远，他体力不支，最终饿死了；得到鱼的人迫不及待地在原地用柴搭起篝火，把鱼烤着吃了。由于他太饿了，因此，他居然一口气把所有的鱼烤着吃了。吃完鱼后，他依然没有办法维持生计，最终没能逃脱被饿死的命运。

每个人的能力都是有限的。当你力量不够时，学会借用别人的力量是再正常不过的事情。要知道，当别人力量不够时，他也会借用你的力量或其他人的力量。这样大家才能相互支持，相互帮助，取长补短。就像筷子一样，一根筷子轻易就折断了，十根筷子在一起就很难折断了。这就是团结的力量。如果上面两位饥饿的人懂得合作，或许命运会大不一样。

美国加州的红杉是世界仅存的植物中最雄伟壮观的。它的高度在300公尺左右，相当于30层楼那么高。科学家经过研究发现，红杉的树根扎土并不深，理论上讲，扎根不深的高大植物无法抵御大风，但是红杉为什么能抵御大风呢？原来，一大片红杉的根部是彼此紧密相连的，一株接着一株。这样，再大的飓风也无法撼动成千上万棵红杉。

另外，浅根红杉之所以能长得如此高大，与它扎根地表也有很大的关系，因为地表有丰富的水分和营养物质，使得红杉快速吸收，茁壮成长。同时，红杉不用耗费过多的能量往下扎根，而是把能量用于向上生长。

神奇的造物主通过红杉告诉我们一个重要的生存道理：要想茁壮成长，就要广泛地借力，而不是单靠自己一个人。一个人的能力是有限的，即使你埋头苦干，拼命钻研，也难以取得傲人的成功。而要像红杉那样和别人建立联系，与别人达成合作，如此才能创造屹立不倒的丰功伟业。

俗话说："一个篱笆三个桩，一个好汉三个帮。"每个人成功背后，都有一群人支持着自己。比尔·盖茨并不是靠自己一个人成为亿万富豪的，李嘉诚也非靠一己之力成就商业帝国的，就连三国时期的一世枭雄曹操，手下也有一大帮文臣武将帮忙。

纵观古今中外，再伟大的英雄也少不了小兵小将的支持和拥护。而素有"三国第一高手"之称的吕布，因为不懂得搞关系，不会做人，最后陷入孤立无援的境地，惨死对手刀下。所以，作为一个女人，你有什么资本仰天长啸"我就不靠别人，我要靠自己成功"呢？所以，还是放下那份不可一世的自尊和要强，从现在开始，学会拓展自己的人脉圈，借用别人的力量帮助自己成功吧！

梅琳是美国西部一家大公司的职员，主要负责初级会计的工作。在公司工作了一年之后，她感到对各方面的会计工作都能自如地应付。因此，想去佛罗里达州找工作，以便拥有更好的前途。

但是，梅琳对佛罗里达州一点都不熟悉，于是她就从自己的关系网中找出了与佛罗里达州的公司有联系的人——梅琳哥哥的好朋友山姆。为了得到山姆的帮忙，梅琳从哥哥那里打听到，山姆非常想参加一个大学生联谊会。于是梅琳找到自己的一位好朋友爱丽丝，她是这个联谊会的成员。

通过爱丽丝的介绍，山姆顺利地见到了大学生联谊会的主席，并顺利成为了该会员的成员。山姆特别高兴，特意举行了一个庆祝晚会，还把自己的父亲介绍给梅琳和爱丽丝。最后，在山姆的帮助下，梅琳顺利进入了佛罗里达的一家知名公司，而且得到了一个十分满意的职位。

从这个事例中，我们可以发现：要想在职场中获得成功，就应该与各种各样的人交往，并充分发现和发挥别人的特殊价值，使不同的人际关系都能为己所用。

事实上，每个人都有自己的优势和特点，所以，在构建人际关系网时，不能太单一，不能太局限于自己的同学、同行、共同兴趣爱好的人中间。最关键的是要做到优势互补，这样既能让自己的优势给别人提供帮助，又能让别人的优势帮助自己。

其次，还应把目光转移到父老乡亲这层关系上，因为有了老乡这层关系，结交起来比较容易。再次，你可以考虑自己的同学、校友，看看他们中有没有人在你附近。当然，你可以和同事、同行成为朋友，甚至还有那些离开你公司的旧同事，他们都可能有朝一日为你提供帮助。

## NO.3 ↘贵人相助，麻雀也能变凤凰

华人富豪李嘉诚曾说过一句话：“良好的品德是成大事的根基，成大事的机遇是靠遇到贵人。”这句话解释了一些奇怪的现象：老实人一辈子勤勤恳恳，吃苦耐劳，却始终碌碌无为。是缺少才华吗？是缺少能力吗？并非如此，而是缺少了贵人相助。如果有贵人相助，麻雀也能变成凤凰。

国内有一个调查显示，在各行各业的高层管理者中，凡是做到中、高级以上主管的，有90%的人都受到过上级领导的栽培；而做到总经理的，有80%的人遇到过贵人；那些自己创业当老板的，竟然100%都是被人提拔过的。也就是说，那些成功者中，大部分人都有贵人相助。

孙雪出身于穷山沟里，家里基本上是九代穷，可是她自己脑瓜聪明，学习成绩很好，也有着强烈的翻身愿望，家人都把改变家族命运的希望寄托在她身上。

大学毕业之后，孙雪进入某知名的报社工作。由于长相端庄，为人踏实，聪明能干，她备受领导的青睐，私下里和领导的往来也比较多。正好该领导有个儿子，与孙雪年龄相仿，两人日久生情，终成眷属。

从此之后，孙雪不但获得了质量上乘、结构合理的人脉资源，还时不时得到公公（领导）的悉心指点，再加上她自己聪明能干，

因此，在职场上的发展可以称得上“突飞猛进”。

那位领导集上司、公公、导师三重身份于一身，成为了孙雪生命中最重要的贵人。几年后，孙雪成了报社的副总编，当年的“麻雀”真的变成了“金凤凰”。

孙雪的职业生涯能达到那样的高度，除了她个人的努力之外，最重要的是她遇见了贵人。倘若缺少贵人相助，光靠个人努力，可能会活得舒服一点，发展得顺利一点，但是恐怕难以取得那样的成就。

对女人来说，社会上有一种说法，“没有结婚的女人前途无量”。言外之意是，丑小鸭一旦与富豪结婚，就能一步登天。如果你是一个相貌出众的女孩，要想让自己的人生获得较高的成就，完全可以通过结婚结盟的途径，让自己站在比别人更高的起点上，像凤凰那样展翅高飞。

相反，如果你的人生中没有一个贵人来助你，那你纵然再有能耐，可能也只能像泥鳅那样在烂泥中翻腾，始终难以跳出泥淖，一身轻松地在大海里畅游。你的才华和能力，也难以得到充分的发挥。对年轻的女人来说，也许你没有足够的资本成就大事，但是你完全可以试着寻找生命中的贵人，让自己快速走上康庄大道。

说了半天，到底什么是贵人呢？所谓贵人，指的是对你有所帮助，愿意真心实意地拉你一把的人。他们不求回报，甚至对你毫无所求。在每个人的生命中，都有许多贵人。比如，有些人愿意支持你，帮助你，有些人愿意指导你，栽培你。所以，女人们要善于观察周遭的人，发现对自己有帮助的人，然后主动和他们交往，与他们保持联络，与他们建立良好的关系。

有个经历了失恋之痛的女孩，在刚大学毕业的一次求职面试中，认识了一位慈眉善目的学姐，这位学姐似乎看穿了她的心思。当时这个学姐是某大企业的人力资源部经理，比她早毕业几年，对感情和工作都有独到的看法。

尽管这个女孩和学姐在学校时并未谋面，但是基于校友情谊，她诚恳地劝这个女孩："与其沉溺在一段逝去的感情中，不如找一份有挑战性的工作，好好释放自己的能量，重新发现自己的潜能，好好冲刺，重新发现自己的潜力，让别人看到不同于以往的你，将来你会获得更好的爱情。"

虽然面试进行得十分顺利，但由于女孩自己的选择，她并未加入这个学姐所在的公司，而是选择了一家规模较小的企业，开始了自己的职业生涯。在之后的工作中，这个女孩经常和学姐发邮件交流感情，交流工作心得，向学姐学习职场为人处世的经验，当工作中出现麻烦事时，她会向学姐请教。就这样，她们经常通邮件，两人建立了很好的友情。

一年以后，已经升为人力资源部门总经理的学姐突然打电话给这个女孩，说："我们公司业务部有个主管职缺，你要不要来试试?"经过几个星期的面谈，她决定加入学姐的公司，换个更宽的跑道，让自己接受更大的挑战。

在这个案例中，那位学姐就是那个女孩生命中的贵人，她从学姐身上学到了对待感情和工作的态度，学到了职场生存的技能和经验，还通过学姐的帮助得到了一份不错的工作。在你的生命中，有没有这样的人呢？他既像你的朋友，又像你的导师，还是你的成长伙伴，如果生命中有这样的人，那将是你的福分。

## NO.4 ↘慧眼识人，找出那些隐藏在普通人中的“贵人”

有句话说得好：“你还没成功，是因为你还没有遇见贵人。”可是贵人在哪里呢？很多人都抱怨自己的朋友太少，抱怨自己的朋友大都是酒肉朋友，真正想找他们帮忙时，就逃得远远的，还谈什么“贵人”？

其实贵人身上并没有写着“贵人”两个字，贵人也是普通人，关键在于你是否有智慧的双眼从茫茫人海，从你那些看似普通的朋友中把他识别出来。如果你做不到慧眼识人，那么即使你身边有贵人你也会错过。

有个小姑娘名叫王灿，毕业于名牌大学，毕业之后将近一年都找不到工作，整天待在家里无所事事，于是就和隔壁家的王阿姨等人打麻将。

有一天，一位邻居问王灿：“丫头，你找到工作了吗？”

王灿说：“我学的是历史，大冷门儿，工作好难找的，我找了快一年了，都没找到呢！”

这时候旁边的另一位邻居说：“经常跟你打麻将的那个王阿姨不是你们市重点高中教导处主任的妈妈吗？你可以问问她啊，说不定她儿子能帮你在学校找个教历史的工作呢？”

王灿一拍脑袋，说：“哎呀，我只知道跟她打麻将了，你说我咋知道她还有一个当教导处主任的儿子啊！”

说完之后，王灿买了一些水果，赶紧去王阿姨家。碰巧王阿姨的儿子在家，但是他告诉王灿："你怎么不早说啊，上周我们学校刚跟一个普通师范大学历史系毕业的学生签约，你要是早点告诉我们，我们肯定帮忙啊，都是一个小区的邻居。"

故事讲到这儿，如果你是王灿，听到这样的结局你懊恼吗？后悔吗？可是已经没有用了，只能怪自己"有眼无珠"，或者说没有擦亮双眼发现身边隐藏的贵人。

生活中，很多女人只知道在牌桌上打牌、在邻居面前抱怨，却忽略了深入思考了解牌友、邻居的职业、社交地位及朋友圈子。如果你是有心人，别人不经意的几句话就能让你眼前一亮，从而发现你一直寻找的贵人。

你的世界不缺少帮助你的贵人，而是你缺少发现贵人的慧眼。如果你能把握住身边的贵人，那么你就能率先把握住别人没有的机会。因为关键时刻，贵人能向你提供信息资讯，给你提供机会和平台，让你领先一步，处处为赢。

那么，怎样才能发现贵人呢？贵人又有哪些特点呢？下面就来详细地分析一下贵人的特点。

特点1：无条件挺你的人

当一个人愿意无条件挺你时，他肯定是你的贵人。因为他相信你，他接受你。当他知道小人在背后制造流言蜚语中伤你时，他也会毫不犹豫地挺你，来帮你说话澄清。这样的人是你不可多得的朋友，是你命中的贵人。

特点2：愿意唠叨你的人

谁会没事向一个自己不在意的人唠叨？当一个人唠叨你时，说明他在意你，他的唠叨对你是一种提醒，他不希望你多走弯路。你的身边是否有这样的人呢？

特点 3：愿意与你分享分担的人

无偿地与你分享分担的人，是你风雨兼程的朋友，是你生命中的贵人。很多人有福同享，但是有难却不能同当，但是有些人愿意与你分担痛苦，承担困难，在你最落魄的时候对你不离不弃，这样的人值得你珍惜。

特点 4：教导你、提拔你的人

有一种人，他能看到你身上的闪光点，也了解你的不足，他协助你，提拔你，对你不嫌弃。当你遇到困难时，他会给你指点，为你出谋划策。这种人不是你的贵人，又是什么呢？

特点 5：懂得欣赏你长处的人

一个懂得欣赏你长处的人，表明他肯定你这个人。有些上司虽然发现了你的优点和长处，但是未必欣赏你的长处，更别说接受你的长处。因此，你要学会珍惜那些欣赏你长处，肯定你的人。

特点 6：容易生你气的人

如果你身边有个人会傻傻地生你的气，你至少要感激他。因为这证明他很在乎你，试想，一个不在乎你的人谁会傻傻地生你的气呢？当他生你的气时，你有必要询问情况，给予安慰，让他对你的好感更进一步，日后当你有困难时，他肯定不会袖手旁观。

## NO.5 ↘多结交一些优势互补的朋友

俗话说：“一个篱笆三个桩。”一个女人也需要有“三个帮”，女人不能没有朋友，尤其是不能没有优势互补的朋友。因为优势互补的朋友是一剂“强心剂”，在你郁闷的时候，他会带给你安慰；在你无聊的时候，他会带给你欢乐。优势互补的朋友还是一套无敌于天下的剑法，一长一短，一柔一刚，一阴一阳，两相合一，使你完美地发挥自己的功力，在生活、事业、爱情上所向披靡。

陈菲是一个性格开朗，脾气“火爆”的女孩，她最好的朋友可韵却性格内向，比较腼腆，不善表达。她们是同一家公司的同事，由于陈菲是第一个主动与可韵说话的人，她的热情让腼腆的可韵很感动，一来二去，两个人就成了要好的朋友。

陈菲喜欢动，可韵喜欢静，她们的性格差了十万八千里。可是她们对事情的看法，以及人生观、价值观却惊人地相似。因此，她们总是那么默契。因为她们的性格互补，比如，陈菲做事积极，讲究速度，但缺少耐心，显得急躁；可韵心思细腻，但是做事优柔寡断。陈菲将可韵引导到一种积极明快的生活中，可韵则将陈菲引导到注重细节、沉稳谨慎的生活中，两人在工作中配合得很好，后来虽然两人都走进了婚姻，但是她们的友谊一直延续着。

在你身边，有没有类似于陈菲和可韵这样优势互补的朋友呢？优势互补的目的是互相影响，提高和完善自己；团结协作，更好地办事。既要在生活中找到共同的兴趣爱好，又要在事业上形成共同进步的法则。

假设一下，如果老实的女人结交了懂心机、会处事的朋友，是不是可以受到对方的影响，从而提高自己对人情世故的认识，提高自己为人处事的能力呢？要知道，社会是现实的，也是残酷的，而结交优势互补的朋友既能帮你进步，又能给你单调的生活添加色彩，让你寂寞的心灵获得更多快乐。这才是最大的共赢。

王欣和朋友刘悦在成都市市中心的商业区租了一个商位。王欣是当地一家电子科技公司产品部的职业经理人，而刘悦则是多年闯荡江湖的销售员，销售渠道畅通。王欣有资金，刘悦有营销技巧，两人一拍即合，取长补短，一个负责资金投入，一个负责拓展业务。

王欣利用自己在公司的人脉，拿到了最优惠的产品价格，而刘悦利用自己丰富的客户关系，快速打开了销售渠道，她们代理了多家公司的产品，比如，爱国者、海尔、明基、松下等品牌的电子产品，销售势头很好，效益也非常好。

工作之余，她们还是感情交流的好搭档，王欣为有刘悦这样的朋友而感到欣慰，她说："可以与自己优势互补的朋友一起做生意，真的是一件幸福的事情。"

其实，在结交优势互补的朋友时，应该重视"需要的互补性"，言外之意就是"缺什么就补什么"，通过向优秀的朋友学习，弥补自己的不足，提高自己的能力。如果你知道自己某方面的劣势，而你发现有个人在这方面很优秀，不管对方是男是女，你都可以去和他做朋友。这对你是非常有益的。

然而，在生活中，很多女人在选择朋友的时候，过于偏重志趣相投、能聊到一起的朋友。这当然无可厚非，但长此以往，很容易使你的朋友圈急剧缩减，让你的人脉过于单一，这对你个人的发展是极其不利的。要知道，性格相似的人，优势可能差不多，劣势也可能大抵相同，长此以往，你们的优势可能更"优"，但你们的劣势同样会更"劣"。这不利于你全面发展。所以，赶紧改变以往的交友观，从这一刻开始结交优势互补的朋友吧！在此，要注意两点：

第一，采用"横向交叉"的方式交朋友。

什么是"横向交叉"呢？关于这点，我们可以从不同的角度去理解，比如，思想品德上的优势互补、学术专业方面的优势互补、身材长相方面的优势互补、经济实力方面的优势互补、个性特点方面的优势互补等等。除了这些方面的优势互补，你还可以结交不同地域的朋友、不同文化层次的朋友。

为什么这么说呢？其实，是有道理的。举个例子，你觉得某个人的品德很好，你想办法和他成为朋友，那么你在与他交往的过程中，就能从他身上获得很多品德方面的熏陶和影响，还可以通过他结交更多品德好的朋友；你觉得某个人化学、物理非常好，是专业类大学的高材生，你和他结为朋友，说不定哪一天你就需要这方面的人帮忙……

第二，采用“纵向交叉”的方式交朋友。

什么是“纵向交叉”呢？它主要是指年龄层面上的优势互补。我们知道，年轻人充满活力，思想活跃，创新精神强烈；年长者、老年人细心周到，处事稳重。年轻人信息来源广，总能了解最新消息；年长者思想成熟，底蕴深厚。由于有这些差异，因此，我们在交朋友的时候可以采取“纵向交叉”的方式来结交年轻的朋友或年长的朋友。

培根曾经说过这样的话：“青年的性格如同一匹不羁的野马，藐视既往，目空一切，好走极端，勇于改革而不去估量实际的条件和可能性，结果常常因浮躁而改革不成。而老年人正相反。他们思考多于行动，议论多于果断。为了事后不后悔，宁愿事前不冒险。所以，最好的办法是把两者的特点结合起来。”

俗话说得好：“家有一老，如有一宝。”在你的交际圈中，老年人是必不可少的。同样的道理，年轻就是资本，在你的交际圈中也不能没有年轻人。如果你能结交年轻的朋友或年长的朋友，那么你必定能从他们身上获益良多。

## NO.6 ↘不怕拒绝，主动出击——拓展人际关系的不二法门

美国人力资源管理协会曾经与《华尔街日报》共同进行了一项调查，该调查主要是针对人力资源主管与求职者进行的。调查显示，95%的人力资源主管或求职者通过人脉关系找到了合适的人才或工作，而且有61%的人力资源主管和78%的求职者认为，这种寻找人才或寻找工作的方式是最有效的。

国内知名招聘网站“前程无忧”，将熟人介绍列为找工作的第二大法宝。由此可见，人脉有多么重要。因此，如果你想积累人脉，以便在关键时刻能获得别人的帮助，就必须主动出击。

蔡敏大学毕业后，并没有急于找工作。当同学们为找工作忙得焦头烂额的时候，她显得非常冷静，她清楚地知道自己要做什么，也深知结交人脉的重要性。于是，她通过多方了解，把目标定位在一家大型企业上，然后给这家企业的总经理写了几封自荐信，并且深入剖析了该企业将要进军国外市场的发展前景和利弊，展现了自己的能力，表明了自己的决心。结果，那家企业的总经理看到她的自荐信后，非常满意地说了一句：“这个人我要了。”就这样，蔡敏顺利进入了该企业。

聪明的女人一定要善于拓展自己的人脉圈，让有影响力的大人

物喜欢自己，这样你才能成为他的圈内人。在对方的影响下，你定然能获得一种自发向上的动力。就像干涸的稻田遇到了雨天，它会拼命地吸收水分，拼命拔高。

说到拓展自己的人脉圈，老实女人可能又犯难了，怎么才能把自己的人脉圈拓展开来呢？这里介绍几种拓展人脉的方式。

方式1：参加社团、相关课程培训班

如果你想认识更多的人，社团、相关课程培训班等团队性强的地方是你的首选。这些活动把大家聚集起来，你参加这类活动一方面是为了参加具体的活动，学习具体的课程知识，另一方面你可以与更多的、来自不同行业、不同身份的人打交道。说不定其中就有你的贵人。

为了更好地拓展人脉，你在参加某个社团组织时，最好能谋到一个组织者的角色，例如理事长、会长、秘书长等等，这样你就有一个服务他人的机会。在为别人服务的过程中，你和别人的联系就会增多，交流也会更频繁，这样便于你更深入地了解别人。不知不觉中，你就的人脉之路就拓展开了。

方式2：有效发挥博客、聊天群的功能

有人说，这种拓展人脉的方式是最廉价的。其实，这种方式最适合老实女人，因为它“足不出户”（并非真的足不出户，只是说比其他结交人脉的方式少很多实际的接触），就可以结交朋友，拓展人脉。很多女人下班之后，喜欢上网聊天，写自己的博客，把自己的工作体会、生活感想写出来。一来二往，就能吸引志趣相投的朋友。

张英是一家中型企业的销售员，她喜欢在闲暇的时候上网写博客。有一次，她无意中发现了一篇精彩的文章。读完之后，她发表了自己的读后感，言语之中表达了对这篇文章的肯定和赞美。就这样，一来二往的，她和那篇博客的作者建立了很好的“文缘”。四个月后，他们相约见面，相谈甚欢。当对方邀请张英去他公司工作时，张英才意识到对方的背景不简单。原来，他是一家大型企业的老板。后来，张英成了这家大型企业的营销部副总经理。

在网络上，人与人之间的交往虽然不像现实中面对面那样生动。但是由于网络上人与人的交流不那么设防，彼此可以大胆地谈论自己的价值观、兴趣爱好、处事方式等。因此，可以比较透彻地了解对方。因此，老实女人不妨借用网络这个交友工具——但是要注意的是，不要轻易与网友见面，而且在与网友见面时要提高警惕，要有自我保护的意识，以防备网友心怀不轨，对你有所企图。

另外，在拓展人脉的过程中，老实女人要注意一些实战性的技巧：

技巧1：打通“关键人物”身边的人

交往必须从了解开始，怎样了解你想了解的人呢？你可以先从他身边的人开始了解。要知道，再大的人物也是普通人，也有社会关系，有各种各样的业务，有五花八门的喜好。有了初步的了解后，你再想办法取得对方家人的信任，例如，他的夫人、父母、孩子等人的信任。这样你成功结交对方的可能性就大增了。

技巧2：碰面之后要懂得寒暄，懂得赞美。

当你初次与想要结交的人见面时，一定要学会寒暄，学会赞美对方。没有人不喜欢被人赞美，但是赞美要有度，要让别人看不出是刻意的赞美，这样别人才会更好地接受你，对你产生好感。否则，对方一见你就知道你是有目的的，那样对方就可能对你产生不好的印象，不愿意和你打交道。

技巧3：适当地展示自己的能力

当你想和某个人结交时，如果他是个“大人物”，那么你可以适当在他面前“露两手”。因为大人物一般都爱才、惜才，如果你的能力得到了他的认可，那么你就很容易赢得对方的好感，继而得到对方的重用和帮助。

## NO.7 ↘从生活细节中了解朋友的个性

滴水穿石，见微知著。要想看清你周围的人，了解你朋友的真正个性，不妨多观察他们的生活细节。说这话一点都不夸张，因为生活细节能够非常准确地反映一个人的个性心理，不信你就来看看，绝对准得让你大惊失色。

如果你发现朋友条件反射式地去关门、拉窗帘，尤其是在他说一些私密话的时候做出这种动作，说明他以前有过偷窥别人的经历。

如果你的朋友喜欢吹牛，对什么事情都夸大其词，给人一种狂妄的感觉，说明他内心有一种自卑感，他想通过吹牛来缓解或掩盖内心的自卑。

如果你的朋友喜欢照镜子，说明他非常注重仪表，希望更性感，当然，这种人通常相貌很不错，并且对自己的相貌十分自信。

如果你的朋友一味客气，即使你和他关系特别好，他也这样对你，让你觉得有一种不真实的感觉，请珍惜他，因为他的行为表明他曾在人际交往中受过严重的挫折。当然，还有一种情况是，他或许根本没有把你当成朋友，对你很提防、很谨慎。

如果你的男性朋友总是一本正经，见到别人讲荤段子还表现出愤慨，你要小心了，因为通常讲荤段子的男人并非真的色，相反，从不讲荤段子、一本正经的男人，反而有可能是“色狼”。

如果有人跟你说话时，下意识地用手遮住嘴巴，这说明他很没有安全感，可能是早年父母离异，或者童年生活曾留下心理阴影，这种人一般很难从内心接受别人、信任别人。

如果你发现朋友喜欢逛黑夜，那么说明他内心非常寂寞。如果你想和他搞好关系，那就多和他交流，或许这样能让他感觉好一些。

如果你发现朋友对爱情不屑一顾，喜欢耍狠斗硬，那说明他对爱情很忠贞，非常渴望爱情，对伴侣通常也会很好。这是真正的“刀子嘴、豆腐心”。

如果你的朋友总是很开心，而且你发现他开心得有些超常，那么他很可能有心事，他只是在用开心掩饰内心的苦闷。

如果你的朋友喜欢边说话边笑，让你感到很愉快。一般来说，这种人大都性格开朗，对生活不苛刻，懂得知足常乐，富有人情味，重视友情，人缘好。

如果你的朋友喜欢掰手指节，习惯性地把手指掰得“咯嗒、咯嗒”地响。通常来说，他精神旺盛，非常健谈，对事业、工作有些挑剔，爱钻“牛角尖”，他会很踏实、不计任何代价地去实现自己的目标。

如果你的朋友喜欢抖腿，通常来说，他是自私的，不太考虑别人的感受，凡事喜欢从自己的利益出发，对别人很吝啬。但是他很善于思考，经常提出一些别人意想不到的问题。

如果你的朋友喜欢拍打头部，这个动作表示懊悔和自我谴责。这种人对别人苛刻，但对事业充满进取的精神，而且一般心直口快，为人真诚，愿意帮助别人，但是守不住秘密。

如果你的朋友喜欢耸肩摊手，做出表示无所谓的姿态，一般来说，这种人为人热情诚恳，富有想象力，懂得享受生活，喜欢追求和睦的生活环境。

如果你的朋友爱抹嘴捏鼻，那么一般来说，这种人喜欢捉弄别人，但是敢做不敢当，爱好哗众取宠。这种人最终会被人利用，别人叫他做什么，他可能就去做；购物的时候经常拿不定主意，做决定时喜欢优柔寡断。

如果你的某个朋友经常低头，说明他是慎重派。这种人讨厌过分激烈、轻浮的事，通常比较勤劳，交朋友也很慎重。

如果你发现某个朋友喜欢两手腕交叉，说明他对事情有独特的看法。这种人常给人冷漠的感觉，属于容易吃亏型的人，略微有些自我主义。

如果你发现某个朋友喜欢摸弄头发，说明他是一个情绪化的人，经常会感到郁闷焦躁。

如果你发现某个朋友爱四处张望，通常来说，这种人具有社交性格，属于乐天派，对什么都感兴趣，但是有明显的好恶感。

如果你发现某个朋友喜欢摇头晃脑，说明这个人特别自信，以至于有些唯我独尊，他们在社交场合善于表现自己，对事业有一种一往无前的付出精神。

# 第五章

## Chapter 5

## 察言观色——聪明女人一眼读懂人心

无论是职场、商场，还是官场、情场，都是“人性”场，只要有人的地方，就需要读懂人心。读心是为了了解人心，为了不受制于人，为了做人做事更顺心。俗话说“知人知面不知心”，事实上人心并非深不可测，人的言行举止、表情、姿态等都是心理活动的一种反应，只要你掌握了“望、闻、问、切”读心法则，就能像中医把脉一样，一眼看透人心，看清人的本质。

BEING A WOMAN SHOULD NOT BE
TOO HONEST

## NO.1 ↘女人要想成功，先学会察言观色

俗话说得好："出门观天色，进门看脸色。"女人要想顺利地为人处事，赢得别人的好感，得到别人的帮助，就必须学会察言观色。不会察言观色的女人，就像不知风向便去扬帆远航的愚蠢水手，弄不好就会在风浪中翻了船。

女人要明白，一个人的言辞能透露他的内心、品格、地位、性格、情绪，因此，你一定要善于捕捉别人的弦外之音。有这样一个故事，非常有意思：

有个穷人患了重病，眼看病情越来越重，医生说他没希望康复。病人就去庙里求神拜佛，说："如果能让我的病好，我一定准备一百头牛来祭祀，以表谢意。"站在一旁的妻子听他这么说，就问道："你哪儿有钱买一百头牛呢?"他说："你以为神让我的身体康复，是为了从我这里得到这些东西吗?"

这个故事告诉我们：一个人说的话，不一定是他的本意，人是心口不一的动物。不会察言的女人经常会责怪别人虚伪，经常被人"忽悠"得团团转。但是善于察言的女人就没有这样的烦恼，因为她们早就知道别人的真实想法。

在生活中，当一个人心情不好、情绪低落时，他依然装作热情的样子对你说："虽然我的心情不好，不过，你有什么事情就说吧……"此时，无论他多么热情，你最好也不要把原本要说的事情说

出来，明智的做法是找个借口告别，换个机会再说。

当一个人对别人不满或持有敌意时，他说话的速度会变得迟缓，有一些迟钝。当一个人有愧于别人或说谎时，语速则会自然地快起来。比如，你老公每天都按时下班回家，但有一天下班之后他留在办公室玩了一个小时游戏，回家比平常晚了。回家之后，他解释道：“今天的活真多，搞得我不得不加班。”如果你发现他说话的语速比往常快，那么他可能就撒谎了。这就是察言的威力。

如果说察言犹如听风，那么观色就像观察天气，而观察一个人的脸色就像看云识天气。脸上的表情就是天上的云彩，这里头有很深的学问。因为不是所有的人都喜怒形于色，相反很多人喜欢把哭埋在心底，把笑留在脸上，对于这样的情况你要提高辨别力。比如，在一次洽谈会上，对方笑嘻嘻地与你交流问题，你以为对方满意你的方案，你觉得自己成功了，可是结果却以失败告终。

再比如，有些职员对上司的言行不满，但是敢怒不敢言，于是装作一副无所谓的样子，显得毫不在意。但是他的内心其实有强烈的不满，如果你仔细观察他的面孔，就会发现他的脸色不对劲。有些人明明很愤怒，却假装微笑，这也是一种很容易让人误解的表情。

再比如，当你看见朋友或同事闷闷不乐时，千万不要和他谈论得意之事，或者向他求助，否则就是自讨没趣，招人厌烦。当一个人一边跟你说话，一边接电话、看手表时，表明他有急事。这个时候，你最好不要和他说话，打扰他办事。

由此可见，观色并不是一件容易的事。乌云满天不一定就会下雨，笑脸相迎不一定就是高兴。这就更显示出察言观色的重要性。一般来说，察言观色可以按照以下步骤来进行。

第 1 步：调整心态，调高警惕

要想准确地察言观色，首先要有一颗安静的心，冷静地思考：他为什么跟我说这句话？他说这句话的动机、目的是什么？怎样回答他才合适呢？通过这样的思考，你可以慢慢学会领悟别人的言外之意。

第 2 步：观察他人面相形态

相由心生，观察人的面部形态可以洞察人的内心。因为不同的脸形、眉毛动态、眼睛形状表明的含义是不同的。

第 3 步：从人的装扮窥测人心

观色不只是观察脸色，还要观察别人的整体外貌、穿着打扮，因为服装、鞋子、手提包、帽子、围巾等物品也能透露人的内心。

第 4 步：认真聆听别人的真实想法

闻声辨人，说话的语气，直接透露人的个性，语速的快慢、语调的高低暗藏情绪的变化，话题的不同、表达方式的不同，能反应人的心情。

第 5 步：观察他人的动作探出真实个性

行由心出，一个人的动作也能透露他的内心，举手抬足、身体前倾、歪脖子等等，都是一个人的心里在发出信号。

## NO.2 ↘言谈习惯最能透露一个人内心的秘密

“闻其声，知其人。”一个人的言谈习惯很容易透露内心的秘密，因为内心感受直接影响声音的大小、韵律、语速、语气等，心情直接影响着他谈论的话题、他交谈的兴致等，性格直接影响着他的表达方式，是直截了当，还是委婉曲折，还是冷嘲热讽等等。下面就来详细介绍一个人的言谈习惯所透露的信息。

读心要点 1：通过声音知人性格

（1）声音高亢尖锐。这种人精力充沛，有强烈的自信心，待人真诚，气质优雅，荣誉感强，不管走到哪里，都容易成为焦点；

（2）声音温和沉稳。这种人属于慢条斯理型，经常上午有气无力，但是下午却活泼起来。他们富有同情心，内心善良。开始时和他们难以交往，但是他们却是忠实可靠的人；

（3）声音沙哑。这种人斗志昂扬，善于凭借个人能力拓展势力，经常是领导人，不少成功的政治家、文学家、评论者有这种音质；

（4）声音粗而低沉。这种人乐善好施，喜欢当领导，他们喜欢四处活动而不愿静候在家。如果是女性，她的人缘较好，容易得到别人的信赖，好相处；如果是男性，他正义感强烈，谨小慎微，但情感脆弱；

（6）声音抑扬顿挫。这样的人内心诚实，自我显示欲强烈，有一定的领导才能；

（7）声音不断提高。这种人自我意识比较强，喜欢我行我素，不在意别人的意见，不会变通，比较顽固，甚至会自以为是；

（8）声音很大。这种人性格外向、粗犷和豪爽，他们自信心强烈，为人热情，敢于直抒己见，不喜欢拐弯抹角绕圈子。他们善于社交，但脾气暴躁，情绪起伏大，容易激动；

（9）声调波澜不惊、一平如水。这种人性格比较内向，表面上孤言寡语，待人冷漠，实际上，内心充满热情，只是比较善于掩饰自己的感情罢了。他们不会贸然行事，不打没把握的仗；

（10）声音娇滴滴而黏腻。发出这种声音的那个人通常非常渴望得到别人的喜爱，但心浮气躁，有时过于希望招人喜欢反而招人烦。单亲家庭的女孩，往往有这种语调。男性若发出这样的声音，多半是受宠惯了，他们做事被动消极，优柔寡断，没有男子汉气概。

读心要点2：从话题看人心

一个人喜欢说什么话题，与他内心的想法，与他的兴趣爱好有很大的关系，因此，从话题可以看人心。

（1）话题偏重于与自己有关的事情，例如家庭、职业、成就等，这种人自我意识强烈，喜欢以自我为中心；

（2）话题偏重于别人的秘密，小道消息等，这种人猎奇心理强烈，有些八卦，难获得真正的友谊，内心非常孤独；

（3）话题偏重于恋情、爱情等，这种人一般对性有强烈的欲望；

（4）话题偏重于不平、不公的事情，这种人一般对自己的现状不满，比如，对自己的工作不满意，不热爱自己的工作；

（5）话题经常跑偏、很离谱，这种人思维不够集中，逻辑思维较差；

（6）话题偏重于车子、衣服、手表、鞋子等，这种人一般有强烈的虚荣心，爱面子，比较追求享受；

（7）不愿意说出自己的话题，而是喜欢讨论别人的话题，这种人怀有宽容精神，有大家风范；

（8）极端避免谈到性问题，这种人可能内心对性问题怀有浓厚的兴趣。

读心要点3：从说话方式读人心

说话是一门艺术，不同的人有不同的说话方式，能反映出不同的性格特点和内心想法。

（1）旁敲侧击。这种人善于听弦外之音，较为圆滑世故，经常话里有话，一语双关；

（2）软磨硬泡。这种人顽固，脸皮比较厚，有一股不达目的誓不罢休的精神；

（3）啰里啰嗦。这种人凡事喜欢斤斤计较，满腹牢骚，缺乏自信，爱掩藏真实想法，说话含糊其辞，但内心善良；

（4）口无遮拦。这种人说话不经大脑思考，经常得罪人，看起来豪爽，实际上靠不住。因为他们守不住秘密，可谓成事不足，败事有余；

（5）说话简洁。这种人性格多豪爽、开朗、大方，做事果断，凡事敢想敢做，拿得起放得下，有开拓精神；

（6）喜欢恭维。这种人比较圆滑世故，懂得投其所好，随机应变的能力很强；

（7）说话礼貌。这种人一般有一定的学识和修养，懂得尊重别人，有一定的包容力；

（8）不依不饶。这种人得理不饶人，爱辩论，经常气势凌人，看似很要强，其实是个弱者，天真地以为从口头上战胜别人就能真正击败别人。他们的人际关系很糟糕，内心充满害怕和孤寂。

读心要点4：从常见的口头语看人心

每个人都有习惯性的口头语，这些口头语能反映一个人的性格、习惯和内心世界。

（1）“听说”、“据说”、“听人讲”。喜欢用这些词的人善于给自己留余地，他们见识很广，为人圆滑，但是决断力不够；

（2）“还有”、“另外”。经常说这些词的人，好奇心强烈，喜欢插手各种各样的事情。他们头脑灵活，思维敏捷，但耐心和持久力不够；

（3）“不”。喜欢说“不”的人并不是真的否定，尤其是女人说“不”往往是反话，显得女人味十足，是女性温柔的表现。她们的心非常软弱，嘴巴上说“懒得管你”，其实内心却很在意；

（4）“总而言之”。爱说这个词的人往往是喜欢说教的人或完美主义者，他们喜欢不断总结，生怕别人不信任自己，害怕自己没有准确传达意思，有些唠叨，事必躬亲，喜欢啰嗦教训人；

（5）“尽管如此”。说这话的人先认同对方再反驳，为人较为圆滑；

（6）“就算是……差不多”。说这话的人是想逃避责备，才用这样的话搪塞；

（7）“反正”。喜欢说这话的人比较消极被动、处事悲观，“反正我不行”，还没努力就绝望放弃；

（8）“是啊”。说这话的时候还有点头的动作，一般表示真心赞同。如果重复两次以上说这话，则可能是敷衍；

(9)“或许是吧”、“大概是吧”、“可能是吧”。喜欢说这话的人自我防卫本能特别强烈，不会把内心真实的想法告诉别人。他们处事冷静，人际关系和工作都不错；

(10)“我只对你说过”。喜欢说这话的人往往喜欢泄露别人的秘密，所以，千万别把秘密告诉他；

(11)“我不是说了嘛”。喜欢说这话的人诚实、有责任感、受人信赖，但是爱唠叨，性情顽固，不懂变通。

读心要点5：从说话时的动作看人心

人在说话的时候，总是伴随着一些动作，这些动作是习惯性的，有的是为了加强语气，有些是为了配合话题内容，有些则是为了加强说话效果等。总之，说话时不同的动作有不同的含义。

(1)说话时不停地点头。看似认同别人的看法，实则表明这种人处事轻率大意，没有什么独立承担能力，承诺却往往无法兑现；

(2)说话时不停地摇头。显得对别人不尊重，这种人往往心高气傲，自视过高，却轻视别人；

(3)说话时不断抹头发。这种人个性突出，爱憎分明，尤其疾恶如仇。他们善于思考，做事细致；

(4)说话时喜欢抖腿。这种行为举止看起来不雅观，这种人最明显的表现是自私，不懂得考虑别人的感受，凡事从自己的利益出发，尤其对妻子的占有欲很强。对别人吝啬，据说“守财奴”欧也妮·葛朗台也喜欢抖腿；

(5)说话时盯着别人看。这种人支配欲很强，而且确实有某种优势，喜欢向别人表现自己。他们喜欢我行我素，为人慷慨，经常和不相干的人在一起，有不少酒肉朋友。

## NO.3 ↘撒谎者大都会看你的眼睛

有句民谚说："一个目光表达了1000多句话。"心理学家认为，眼睛是心灵之窗，它能成为一种武器，使人胆怯，使人恐惧，威力无比。希腊的神话中则有这样一则故事："若被怪物三姐妹中的美杜莎看上一眼，立刻就会变成石头。"其实，这是将眼睛的威力神化了。

然而，有时候眼睛也能成为一个口无遮拦的"天真孩子"，"说出"（透露）人的心理动态。当人的瞳孔缩小，还透出刺人的目光时，表示反感和仇恨；当人的眼睛睁大时，则表示感兴趣或同情，还表明赞同和好感。

一个人的深层心理中的欲望和感情，最先反应在他的视线上，视线的移动、方向、集中与否能说明一个人的不同心理。因此，观察别人视线的变化，有助于读懂对方的心，更好地与对方交流。就像爬上窗台就不难看清屋内的情形一样，读懂人的眼睛就不难了解人的内心世界了。

老实女人最大的特点之一就是太单纯，太容易相信别人。因此，老实女人很有必要透过别人的眼睛分辨对方是否撒谎。很多人在撒谎的时候，会不自觉地把脸转向一旁，眼神游离不定。这样做是为了避免别人看到自己的眼神，如果你看到有人和你说话的时候有这种身体语言信号，你就要对他说的东西保持怀疑了。

有实验证明，有一些人在撒谎的时候会目光坚定地看着那个可怜的受骗人，或许他们知道如果自己左顾右盼，就容易招致怀疑。

所以，他们反其道而行之，故意控制自己的眼神。这种做法是高明的，不太容易被人察觉。因此，女性朋友们一定要小心哦。

事实上，在判断一个人是否撒谎时，只看对方的眼神是片面的，还必须结合其他的肢体语言综合判断。当一个人和你交谈时，他的目光与你的目光有超过三分之二的时间相交，一般有两种可能：

第一种可能是，他觉得你是个幽默风趣的人，对你感兴趣，欣赏你的魅力。这个时候，他的瞳孔会扩张；第二种可能是，他对你怀有戒备和敌意，或者是在向你发出挑衅的信号，在这种情况下，他的瞳孔会收缩。

透过眼神看透人心，这是由来已久的读心法则。要注意的是，我们在看别人眼睛的时候，重要的不是看他眼睛的大小，而是看他的眼神。

你见他眼神沉静，便可明白他对于你着急的问题，早已成竹在胸，定操胜券。只要向他请示办法，表示焦虑即可。如果他不肯明白说，这是因为事关机密，不必要多问，只静待他的发落便是。

当一个人的眼神散乱时，表明他毫无办法，非常无奈。因此，你向他求助，也是没有用的。这时候你该做的是保持内心的平静，思考别的办法，而不要多问他什么。否则，只会增加他六神无主的程度。

当一个人的眼神横射，仿佛有刺时，表明他非常冷淡。如果你想和他说话，那还是算了吧，赶紧撤退，回去想一想他为什么对你这么冷淡吧，之后再谋求机会恢复他对你的好感。

当一个人的眼神阴沉时，这是他内心凶狠的信号，与他交涉，你要小心为妙。也许他有一双毒辣的手，正在伺机而出。如果你没有做好思想准备，也没有驾驭他的自信，那么最好从速鸣金收兵。

当一个人的眼神流动异于平时时，表明他此刻心怀诡计。这时你应该步步为营，不要与他接近，因为前后左右可能都有陷阱，你只要踏出一步，就有可能跌倒在地。对于他所说的甜言蜜语，你要意识到那是诱饵，是糖衣炮弹，要格外小心。

当一个人的眼神呆滞，唇皮泛白时，表明他遇到了恐慌的事情。尽管他对你说“没事，不要紧”，但此刻他依然恐慌并且想不出办法。所以，你不必多问，而应该给他一些微笑和鼓励。如果他告诉你发生什么事了，你可以帮他想办法，或给他提建议。

当一个人的眼神恬静，面带微笑时，表明他对某事非常满意，此刻心情愉快。如果你想讨他喜欢，可以说几句恭维的话；如果你对他有所求，赶紧把握住这个时机，相信他会比平常更愿意帮助你。

当一个人的眼神凝定地看着你，表明他认为你的话有必要听。这个时候，你可以按照计划婉转陈述自己的见解，只要你的办法可行，他必然乐于接受。

当一个人眼神下垂，连头都下倾时，表明他有心事，有烦恼，甚至有万分痛苦的事情。这个时候千万不要向他说得意的事情，否则会加重他的痛苦，你只需说些安慰的话，并从速告退，因为多说只能让彼此无趣。

当一个人眼神上扬时，表明他不屑于听你的话，无论你的理由多么充分，你说话的技巧多么高超，都不会有好的交谈结果。

总之，人的眼神是复杂的，是多变的，是充满了不同意味的。只有仔细观察，认真参悟，才能发现眼神中泄露的秘密。

## NO.4 ↘如何透过装扮看透他人的本质

随着人类社会的发展与进步，人们的衣着打扮越来越形式多样，但是无论人们的打扮怎么变化，其装扮都能透露自己的内心世界、心理状况、审美观点、性格特征等。下面就来介绍一个人的装扮透露出的信息：

读心要点1：从服装看人心

服装是心灵自我显露的展示台。大文豪郭沫若曾说过："衣服是文化的表征，衣服是思想的形象。"意思是说，服饰打扮可以向外展示自己。

（1）喜欢简单朴素着装。这种人大多性格比较沉稳，为人比较真诚和热情。在学习和工作中，有踏实肯干的精神，而且还能做到客观和理智。但是这种人有些软弱，容易屈服于别人；

（2）喜爱穿同一款式衣服。这种人性格比较直爽，有很强的自信心，往往爱憎分明。他们的优点是做事果断，干脆利落，言出必行。缺点是清高自傲，自我意识强烈；

（3）喜欢短袖衬衫。这种人的性格是放荡不羁，为人随和、亲切的。他们喜欢创新，自主意识比较强，热衷于享受。他们心思比较缜密，任何时候都知道自己要做什么；

（4）喜欢穿长袖衣服。这种人大多数较为传统和保守，为人处事循规蹈矩，不敢推陈出新。他们缺乏冒险一试，但又爱争名夺利，有较高的人生理想。他们的优点是适应力较强，把他们放在任何一个地方，他们也能迅速融入周围的环境，所以通常人际关系不错；

（5）喜欢宽松自然的打扮。这种人多是内向型的性格，经常以自己为中心，别人难以走入他们的生活圈子。他们想和别人交往，但是总会因为一些不如意，而以失败告终，所以他们没什么朋友，可一旦有，就是关系很好的朋友；

（6）喜欢花里胡哨的衣服。这种人多半虚荣心很强，爱炫耀自己，有些任性甚至飞扬跋扈；

（7）喜欢穿流行时装。这种人的最大特点是没有主见，不了解自己的审美观，情绪多不稳定，不安分守己；

（8）喜欢穿淡色便服。这种人大多比较活泼、健谈，喜欢结交朋友；

(9) 喜欢穿深色衣服。这种人性格稳重，城府很深，一般比较幽默，凡事有长远计划，常有意外的举动，让人难以捉摸。

读心要点2：通过鞋子读人心

鞋子除了对脚有保护作用，还可以透露人的性格。

(1) 始终穿一款自己喜爱的鞋子，穿破了再去买一双一样的。这种人思想相当独立，知道自己喜欢什么，十分重视自己的感觉，不在意别人的看法。他们做事谨慎，经过认真思考之后就会全身心投入。他们很重感情，对亲人、朋友、爱人非常忠诚，不会轻易背叛；

(2) 喜欢穿细高跟鞋。有些女人特别喜欢穿细高跟鞋，虽然脚要受些折磨，但她们不在意。这种女人表现欲望很强，希望引起异性的关注；

(3) 喜欢穿时髦鞋子。这种人追求流行，没有主见，缺少考虑，表现欲和虚荣心较强；

(4) 喜欢穿运动鞋。这种人对生活充满积极乐观的态度，为人亲和自然，生活比较随性；

(5) 喜欢穿靴子。这种人自信心不是特别强，穿靴子在一定程度上能给自己带来自信。另外，他们的安全意识强烈，懂得在适当的场合把自己隐蔽起来；

(6) 喜欢穿拖鞋。这种人是轻松随意派，追求自己的感觉，不在意别人的看法，注重享受，绝不苛求自己。

读心要点3：从女人化妆看人心

(1) 喜欢化淡妆。这种女人表现欲不太强，只要求过得去，简单涂抹就行。她们多属于聪明和智慧型的女人，不会把时间耗费在化妆上。她们有自己的想法，敢打敢拼；

(2) 喜欢化浓妆。这种女人表现欲强烈，不辞辛苦把化学药剂喷洒在脸上，为的就是引人注意。她们的思想前卫而开放，对一些大胆偏激的行为保持赞同，不在意一些恶意指责，但她们懂得尊重别人；

（3）喜欢化异国妆。这种人想象力比较丰富，有很多艺术细胞，希望成为艺术家，向往自由，渴望无拘无束，想法独特，令人诧异；

（4）喜欢化怪妆。有些女人把眼皮弄得黑乎乎的，嘴唇弄得大红大紫，把脸颊涂得红红的。这种人清楚自己的追求并不美丽，她们只是把这种方式当做一种宣泄，她们通常有强烈的反抗心理。

## NO.5 ↘如何从对方的喜好透知他的性格

每个人都有自己的喜好，即兴趣爱好，这些兴趣爱好背后，隐藏着千百个不同的性格特点。因此，如果你多关注一下别人的喜好，并研究别人喜好所透露出的信息，就能很好地了解这个人的性格。

有这样一个故事，对我们有很大的启发意义：

美国一位知名的偶像派男星突然死在家里。FBI接到报案后，迅速赶到现场，发现这个男星倒在书房的书桌上。通过仔细检查，FBI发现这个男星身体强壮，非常帅气；身穿一套刚买的西服；书桌上有一杯喝了一半的葡萄酒，酒里有安眠药；右手下面有一封遗书，遗书里说他厌倦了这个世界，所以选择自杀。

FBI询问男星的佣人，佣人说最近一段时间，男星入睡有困难，还时不时地说“不如死了算了”，但是没有人当真。

尽管一切证据都表明这个男星很像是自杀的，但FBI认为这种可能性很小。因为他们发现，男星家中有不少葡萄酒。由此判断，他是一个重视享受生活的人，因此，不会轻易放弃生命。再说了，男星刚买了一套新西服，西服的细节也表现出一种低调的奢华。这样的人，怎么可能自杀呢？

在多方的调查之后，FBI终于查出了案件的真相。原来，男星的死是别人陷害的，这个人买通了男星的佣人，佣人把安眠药放入葡萄酒中，然后模仿男星的笔迹写了一封假遗书，制造一个自杀的假象。

FBI之所以断定男星不是自杀，关键在于发现男星爱喝葡萄酒，而爱喝葡萄酒的人重视享受生活，一个重视享受生活的人，应该是热爱生活的人，而不是逃避生活的人，因此不可能轻易自杀。由此可见，透过一个人的喜好可以判断他的内心世界。

心理学研究发现，一个人的兴趣爱好往往可以透露出他的性格、个性。下面我们就来介绍不同的喜好所透露出的内心世界：

读心要点1：从喝酒看人心

（1）喜欢喝啤酒。这种人大多性格温和，乐于助人，经常逢迎别人，比较容易获得别人的好感。但遇事没什么主见，容易慌乱，随波逐流。如果你发现一个喜欢喝啤酒的人有烦恼，然后你主动给他帮助，就很容易赢得他的真心感谢；

（2）喜欢喝香槟。香槟是身份的象征，喜欢喝香槟的人有一种高贵和优雅的气质，他们讲究身份、注重地位，一般经济实力较强。面对这种人，如果你能展现出自己的高雅品位和良好修养，就很容易获得他们的好感；

（3）喜欢喝白酒。这种人一般个性豪爽，对人真心诚意。由于白酒有低度白酒和高度白酒之分，因此，喜欢不同度数白酒的人，也有不同的性格。喜欢低度白酒的人，思想倾向于保守，他们人际关系不错，与人相处融洽，拥有积极的生活态度，但有时候不分善恶。喜欢高度白酒的人，个性要强，主见性强，为人爽朗，不介意袒露真心。这种人不喜欢盲从权威，有冒险和挑战的欲望，向往自由。

读心要点2：从电视、影视节目看人心

不同的人喜欢不同类型的电视、影视节目。美国的一位心理学家指出，不同喜好可以透露人们的真实性格。

（1）喜欢大型综艺节目。这种人自信、热忱、大度，在交往中，他们没有防备之心，比较容易吃亏上当；能够原谅别人的过失，并及时帮助别人；

（2）喜欢体育节目。这种人有强烈的竞争欲望，追求卓越，不为压力。面对困难时，他们充满挑战欲，有制定计划的习惯，办事有条不紊；

（3）喜欢喜剧。这种人不奢望过上优裕的生活，易于满足，重视亲情，有一种深藏不露的感觉。他们比较幽默，善于用幽默掩藏真实的目的。表面上他们吊儿郎当，但实际上情感强烈；

（4）喜欢戏剧。这种人至少有一方面的特长，自信心特别强，敢于向极限挑战。他们富有浪漫主义色彩，内心充满正义，喜欢装腔作势，狐假虎威，让人见了就厌烦；

（5）喜欢竞猜节目。这种人爱思考和推理，不管自己的答案对不对，他们至少表现出积极进取、竞争的特点，他们富有智慧，内心镇定；

（6）喜欢惊险刺激节目。这种人对隐秘的事情和消息充满好奇心，为了满足这种好奇心，经常百折不挠；他们不愿意屈服于人，办事认真负责，讨厌平淡无奇，总希望把生活过得精彩一些。

读心要点3：从音乐看人心

音乐是生活中重要的一项娱乐活动。生活中，有些人把音乐当成一生的事业来追求；有些人把音乐当成放松心情的好朋友；有些人把音乐当成激励自己的一种方式。由此可见，通过音乐也可以来读人心。

（1）喜欢凄美歌曲。这种人一般心地善良、多愁善感，体贴他人；

（2）喜欢交响乐。这种人自信心十足，总是踌躇满志，凡事只看好的一面，善于和别人打成一片，但往往盲目相信导致吃亏上当。他们喜欢显露自我，处处显示自己的不平凡，有点不太务实；

（3）喜欢摇滚乐。这种人害怕孤独，忍受不了寂寞，热爱运动，对社会心怀不满情绪。他们喜欢张扬，希望引人注目，但难以给人留下深刻的印象；

（4）喜欢流行音乐。这种人属于平凡的随波逐流之辈，没有什么主见，无法忍受深层次的自省，追求轻松和自在；

（5）喜欢古典音乐。这种人理性较强，善于自省，懂得约束自己的情感。他们善于从音乐中汲取人生感悟，但很少能与别人达成共鸣；

（6）喜欢乡村音乐。这种人成熟理智，不会轻易做决定，他们心思细腻而敏感，对弱者充满同情心，追求生活的安静和恬淡；

（7）喜欢颓废音乐。这种人性格叛逆，缺乏自信，崇尚暴力，有自我毁灭的倾向。在人际交往中，他们的内心充满矛盾，难以和别人建立良好的关系，又害怕孤独寂寞。在这种不如意中，适合他们胃口的颓废音乐带给了他们暂时的解脱；

（8）喜欢背景音乐。这种人大多性格内向，追求安静，不希望被打扰，讨厌喧嚣的外界。他们想象力丰富，感觉灵敏，但有些不切实际。不过他们善于自我调节，能快速从失望中恢复过来。

读心要点4：从书籍读人心

每个人喜欢读的书类型不同，年轻少女读言情小说，长者读养生类书籍，职场年轻人读励志书。从一个人看书的口味，可以判断他的个性。

（1）喜欢爱情类书籍。这种人感情丰富，极端地靠直觉看问题，生性乐观；

（2）喜欢科幻类书籍。这种人想象力丰富，充满创造性；

（3）喜欢侦探类书籍。这种人喜欢接受挑战，是出色的解决问题者；

（4）喜欢自传类书籍。这种人好奇心强烈，为人谨慎，胸怀大志；

（5）喜欢历史类书籍。这种人创造力强，不喜欢胡扯，不愿意参加社交活动；

（6）喜欢漫画类书籍。这种人爱好玩乐、喜欢无拘无束的生活；

（7）喜欢武侠类书籍。这种人富有浪漫主义，有一些英雄情结，好打抱不平，愿意为朋友两肋插刀；

（8）喜欢恐怖类书籍。这种人想摆脱乏味的生活，从恐怖书籍中寻求刺激，找到新鲜感，他们通常不喜欢思考，比较懒惰，对身边的人和物不感兴趣，往往形单影只；

（9）喜欢财经类书籍。这种人重视名誉，希望超越别人，改变现状，既有远大的理想，又有勇气为自己的理想拼搏；

（10）喜欢时尚杂志。这种人个性张扬，喜欢追求表面化的东西，把大量的时间浪费在对娱乐信息的关注上，而忽略了内涵，难成大事。

另外，我们还可以从一个人喜好的颜色、喜欢收藏的物品、喜欢的体育休闲运动等方面来判断人的个性和性格。比如，喜爱下棋的人热爱思考，喜欢钓鱼的人耐心较强，喜欢登山的人有强烈的冒险精神和挑战困难的勇气等等。

## NO.6 ↘如何读懂上司的身体语言信号

有这样一个故事，对老实人与上司打交道非常有启发意义：

有个举人经过三次考试，又参加候选，最后得到了一个职位——山东某县县令。他第一次拜见上司时，想了半天也不知道说什么，过了一会儿突然打破沉默，问上司："大人，请问贵姓？"上司一听，大吃一惊，心想：你居然连我姓什么都不知道吗？但是上司还是勉强说了自己姓什么。

县令听了以后，低头想了很久，说："大人，百家姓中好像没有这个姓啊！"上司一听，再次吃惊，说："我是旗人！"

县令说："大人，你在哪一旗？"

上司不悦地说："正红旗。"

县令说："大人为什么不在正黄旗呢？正黄旗最好啊！"

上司勃然大怒，问："贵县来自哪个省？"

县令答道："广西。"

上司说："你为什么不在广东省呢？广东才是最好！"

县令无言以对，他吃惊地发现上司满脸怒气，赶紧灰溜溜地走了出去。第二天，上司令这个县令回去。什么原因呢？因为他不会察言观色，不懂得读心术，不懂上司的心理。

在与上司打交道的过程中，如果你善于读懂上司的身体语言信号，随机应变地与上司相处，那将是一种不可多得的本领。这样才能保证和上司相处得愉快，让上司对你产生好感，从而获得上司的信任与重用。

当你走进上司的办公室时，发现上司一面往别处看，一边问你有什么事，这时你知道上司的心理吗？当上司和你讲话，心不在焉时，你知道上司在想什么吗？当上司和你说话，却不看着你，你知道上司想表达什么意思吗？如果你不懂得上司这些身体信号，那么你就很容易在不知不觉中给上司造成不悦，这对你的职业发展是非常有害的。

其实，当上司一边往别处看，一边和你说话时，说明你的突然闯入打断了他的思路，影响了他正在做的事情；当上司和你说话心不在焉时，说明他这个时候没有心思与你交流；当上司说话不看着你时，说明上司不想评价你，不愿意理睬你。聪明的你在这几种情况下还是赶紧找个理由告辞吧，免得影响上司对你的印象。

因此，在与上司的交往中，只有多观察他的言语、表情、手势等不经意的小动作，读懂上司的心理，才能取得理想的交流效果。下面就来介绍几种上司经常出现的身体语言信号所表达的意思。

第一，读懂上司眼神透露出的信息。

如果上司从下往上看你一眼时，表明他想支配你，有着自负的意味；

如果上司不眨眼地盯着你时，表明他想获知更多的情况；

如果上司微笑地看着你，偶尔眨巴眼睛时，表明他喜欢你；

如果上司用锐利的眼光盯着你看时，表明他想显示自己的权威和优势；

如果上司的目光与你相遇后马上躲闪，表明他缺乏信心，连直视你的勇气都没有。

第二，透过上司的手势来读懂上司。

上司在与员工、下属打交道的时候，经常会附带手势，手势也非常容易泄露上司的内心秘密。比如，上司的手势夸张，那表明他是个对外界变化非常敏感的人，容易受到别人的影响，是个苛刻的人，是个软弱的领导人。

当上司双手合拢，从上往下压时，表明他想让内心平静下来；

当上司双手叉腰，双手向外时，象征着一种命令和威信，同时也是在告诉别人：我要支配你们；

当上司坐在椅子上，上身往后靠，双手交叉放置脑后时，这是一种自负的表现；

当上司用食指指着你时，表明他要支配你；

当上司站在那里，双手平静地放在背后时，表明他内心有一种优越感；

当上司拍你的肩膀时，表明他在安慰你、鼓励你，显示他的宽容；

当上司双手交叉在一起，只有两个食指伸出来，放在嘴边时，说明他已经做好了拒绝听你讲话的准备；

当上司的手捏成拳头时，表明他想维护自己的权威和观点，如果他还使劲地敲桌子，那言外之意就是让大家别说话。

第三，通过上司的笑声来读懂上司的内心。

体态语言专家们认为，眼睛、嘴巴、手势、表情等，很容易泄露人的心理。

当你发现上司“哈哈”大笑时，要明白这时他很放松；

当你发现上司“嘻嘻”的嗤笑时，要清楚他是在幸灾乐祸；

当你发现上司“嘿嘿”笑时，要知道他这是在讥讽或者蔑视，这是一种狂妄自大、自恃清高的表现。

## NO.7 ↘透过办公桌细节看透你的同事

虽然你每天都和同事们一起共事，但是你真的了解他们吗？如果你真的了解同事的性格，善于通过细节读懂同事的内心，那么你和他们相处、合作时就会更加得心应手。

心理学研究表明，一个人平常无意间流露出的动作，可以表明那个人的本性，虽然不是百分之百的准确，但是很多时候，人的身体语言还是很能说明问题的。如果你想了解你的同事，不妨从他们的办公桌的情况来读懂他们的内心吧！

情况 1：办公桌上各种资料乱放

办公桌上摆放了各种各样的资料，摆放没有规则，没有轻重缓急之分。一般来说，这类人做事有个通病——虎头蛇尾、马马虎虎、主次不分。他们的注意力常被无关紧要的事情分散，难以集中起来处理重要的事情。虽然他们想改变这种状况，但是他们自我约束能力较差，经常向自己的弱点妥协，然后找各种理由来安慰自己。

情况 2：经常更换放东西的位置

今天这样摆放文件，明天那样摆放，可谓变换无穷。这种人往往有很强的进取心，懂得及时调整自己，不断修正和完善自己。但另一方面，他们往往喜新厌旧，做事没有恒心，性子较急，经常毫无理由地焦虑不安。

情况 3：桌面和抽屉都非常脏乱

抽屉里、桌面上全都乱七八糟，经常要花时间去找东西，这种人是粗线条的性格，为人热情，性格随和，做事只凭自己的喜好，但只有三分钟的热情，没有恒心和毅力。他们思考问题不周密，也没有长远的规划。在工作上往往是想到哪里做哪里，经常出错，也不会从错误中反省自己，吸取教训。这种人为人大大咧咧，不拘小节，颇受大家的欢迎。

情况 4：桌面整洁干净但是抽屉一团糟

桌面上整洁干净，但是抽屉里却是一团糟，这种人往往注重表面现象，没有足够的智慧，做事不脚踏实地，喜欢耍小聪明。这类人性格多外向开放，懒惰散漫，情绪变化快，为人处世不太可靠。值得老实女人注意的是，这种人比较幽默，但也比较“花心”，人际关系看似不错，但事实上没有几个真心的朋友。

情况 5：桌面和抽屉都非常整齐

桌面上、抽屉里都非常整齐，所有的文件都会按照一定的次序摆放，看起来相当规整舒服，这种人一般办事效率较高，工作态度认真。这种人生活很有规律，凡事喜欢拟定计划，然后按计划行事。

他们一般很珍惜时间，喜欢精打细算地利用时间，然后做有意义的事情，但是这种人往往也有点墨守成规，缺乏冒险精神，不擅长创新，应变能力也稍差一点。另外，这种人个性正直，有些顽固，他们非常重视社会规范，只会跟少数人亲近。

情况 6：办公桌上摆有纪念意义的物品

习惯在抽屉里、桌子上放一些具有纪念意义的物品的人多是比较内向的。他们有一些怀旧情结，总是希望珍藏下一些美好的回忆。他们不太善于交际，因此朋友不多，但仅有的几个却是非常要好的。他们很看重和这些人的感情，所以会分外珍惜。但他们比较脆弱，心理承受能力差，容易受到伤害，而且做事也缺少足够的毅力和恒心，常常会在困难和挫折面前畏首畏尾甚至不战而退。

情况 7：桌上放着很多与工作无关的东西

桌子上有玩具、照片，还有一些有趣的小东西，这种人一般非常有个性，拥有独特的美感与创意，但是个性太强，缺乏协调性。他们对任何事都是爱憎分明，因此，对别人的评价往往非好即坏，趋于两极化。

除了观察办公桌上的摆设情况，你还可以观察同事整理办公桌的方式，以此了解他们的内心：

情况 1：大概整理一下办公桌

有些人只是把办公桌大概整理一下，然后就不管了。这种人做事往往半途而废，开始很有干劲，但是到后来就开始放任自己。他们非常在意别人的眼光，也会按照别人的意思去行事，人际关系挺好，但是他们很难敞开心扉与人交往。

情况 2：下班时把桌子整理干净

有些人尽管上班的时候桌面很乱，但是在下班的时候，他们会把办公桌整理干净。这种人一般对什么事看得都比较淡，又懂得如何面对周围的环境。他们在意别人的评价和眼光，不会轻易说出自己的真实想法，非常讨厌别人指出自己粗心大意的地方、丢脸的事情，甚至会因此和别人翻脸。

情况3：下班时把未做完的工作放着

有些人非常讨厌整理桌面，认为这是一种痛苦，因此，总是把东西放在桌面上，下班了也不收拾。这种人心里想的是，明天可以接着未做完的工作继续做，他们不在乎别人的眼光，喜欢我行我素，喜欢按自己的想法行事。

## NO.8 ↘情场识人，两性关系中的身体语言信号

在恋爱或婚姻生活中，“调情”是两性之间一门重要的艺术。调情是一种身体语言，其方式包括语言交流、身体姿态、表情、动作、眼神等等。当一个男人身体前倾、翘腿、扬眉、凝视时，有可能也是调情的方式。心理学家把这些小动作视为“希望更进一步接触”的信号，意味着一方对另一方产生了好感，这种好感是两性发展关系的重要起点。

上世纪60年代，德国生态学家艾伯·亚贝费特曾在原始部落进行拍摄，他发现部落里的女性的调情方式和现代女人调情方式没有什么不同——通过长时间的凝视，然后微微歪头，嘴角略带笑意。据说，这是女人向男人示好的最经典调情方式。

除了语言之外，调情更多的表现在身体语言上。尤其是老实女人不善言辞，不好意思表达对别人的好感，往往更多地通过身体语言传达“我喜欢你”这样的信息。有时候或许只是微微一笑，目光在对方脸上停留三五秒钟，然后假装不经意的样子，把目光转移到别处；有时候缓慢起身，走到异性身边。这些都是现代女性常用的

调情方式，行为上比较文雅，更容易让男性接受。

与女性的调情方式有所不同，男性在初始阶段也是通过凝视、微笑等引起女性的注意。但是接下来，他们的行动比较直白，他们会直接走到女性身边，并和女性搭讪。比如，“今天的天气不错啊！”“你好，我叫XX，可以和你交个朋友吗？”这种行动力与男人讲究效率的心理有关，他们希望在最短的时间里获得结果。

作为女人，当别人对你有意思、有好感、对你调情时，你是否能分辨出来呢？你肯定能分辨出来吗？如果你分辨不出来，那就有可能引起别人的误会，产生不必要的尴尬了。所以，老实女人很有必要学会观察男人的身体语言，读懂男人的心理。

下面所介绍的几种身体语言，是男人常用的向女人示好、和女人调情的身体信号，试着去了解和掌握吧！

信号1：在人群中身体某部位朝向你

当一个男人坐在一群女性当中，他的面部、脚尖朝向谁，说明他对那个女性感兴趣。当他做出前倾的肢体动作时，其实表明内心希望和对方拉近距离。前倾可以帮助他近距离观察那位女性，更好地听那位女性的声音。当然，他也由衷地希望那位女性关注自己，因为他已经敞开了心扉。

信号2：直勾勾的眼神

当一个男人一直盯着你，其眼神让你有些发毛时，是希望你考虑一下要不要和他约会。不过，我们建议你不要和这种男人约会，因为无论他的眼神充满了欲望还是怀疑，都说明此人不懂得考虑别人的感受，因为直勾勾的眼神会让人不舒服。

信号3：用手指摸脸

当一个男人一边看你，一边用手指在脸颊上摩挲时，那表明他对你很有兴趣，他想通过这个动作让你观察他的脸蛋。另外，这个动作还有另外两种意思，一是他有抚摸你的冲动，但是也知道不能去抚摸你，于是只好摸自己；二是他在想象抚摸你时的感觉。当然，如果他脸上长疱了，这些分析就不成立了。

信号4：捋头发

当一个男人面带微笑地看着你，同时又捋头发时，表明他希望给你留下完美的印象。捋头发的频率与他内心的渴望程度成正比，但是如果他太频繁地捋头发，表明他不太自信，有些尴尬，或者他好几天没洗头了，头皮有些发痒。

信号5：舔嘴唇

当一个男人看着你舔嘴唇时，至少说明他见到你时感到了兴奋或者不安，也许他说了谎，也许他很想得到你的爱。这和女人馋美食的差别不大。

信号6：亲吻你的前额

当男人亲吻你的额头时，表明虽然他在乎你，但是内心还有点纠结，他不知道该不该继续“向下”推进，比如，下移到嘴唇。如果他不缺乏胆量，那么他的内心正在纠结：“我到底该和你做朋友，还是和你做爱人比较好呢?”

信号7：情侣面对面躺在床上，但没有身体接触

你和老公面对面侧卧，一边聊天一边凝视对方，眉目传情。这个时候一般男人大概的意思是：我们来亲热一下吧。这个时候如果你愿意和他亲热，那么请把床头灯调到温柔的昏暗色，然后接受他的暧昧和亲密行为吧!

信号8：情侣背靠背完全没有身体接触

当你和老公背靠背侧睡时，证明你的老公今晚没有“性趣”，也许他感到累了，也许他心情不好。如果你发现这个时候他还没睡着，不妨转身轻抚他的肩膀，温柔地问她：“亲爱的，你怎么了?”如果他说没什么，只是有点累，那么你可以从背后拥抱着他一起睡觉。

# 第六章

## Chapter 6

## 掌握主动权——做女人要懂点攻心智慧

每个人都想成为一个受人欢迎、讨人喜欢的人，每个人都想顺利地得到别人的帮助，达到自己的办事目的。但要想让别人接受你、喜欢你、信任你、帮助你，你就必须打动对方的心。所谓“攻心为上”，只有从思想上瓦解别人，从内心深处感染别人，你才能轻松地影响别人、掌控别人，从而实现你结交朋友、顺利办事的目的。

## NO.1 ↘ “1 分钟内”散发出你最大的魅力

你知道，初次见面时，你给别人的第一印象需要多长时间形成吗？是一个小时以后，还是一天以后？很遗憾，答案是 4 分钟。根据心理学的研究，4 分钟就会形成对一个人的第一印象。甚至有专家认为，4 分钟太长了，只需要 6 秒钟就可以形成第一印象。

在这短短的 4 分钟之内，你给别人留下的感觉是好是坏，别人是喜欢你还是讨厌你，都取决于你的表现。如果你不重视自己的第一印象，或不小心给别人留下了不好的印象，那么之后你即使很努力地去弥补，也很难改变别人对你的第一印象。因此，在初次与人见面时，绝不可以掉以轻心，一定要展现自己的最大魅力。

那么，具体应该怎么做呢？

第一，叫出别人的名字，主动打招呼。

一般情况下，你要见什么人，你应该清楚对方的名字。当你和对方见面时，如果你能准确地喊出对方的名字，一定会给对方留下良好的印象，至少人家知道你的记忆力不错。

另外，在打招呼时，一定要先下手为强。首先开口打招呼的人，能牢牢把握对话的主动权。有个实验证明，如果让一些人组成小组讨论问题，首先发言的人往往会成为小组的组长。当你笑着和对方打招呼时，对方很容易被你的气场感染。

第二，面带微笑，展现你的亲和力。

有个大学生去一家刚成立的公司应聘。他看见公司的设施简陋，马上露出了不满的情绪，一脸不悦。老板见他这般神态，也失去了交谈的兴趣。而另一个大学生见到这些简陋的设备后依然保持微笑，他对老板说："如果能来贵公司工作，我会非常开心，一定会努力做好工作。"老板笑着说："非常欢迎。"

微笑是世界上最受欢迎的语言，如果你想别人对你产生正面的印象，那么最好的办法就是露出灿烂的笑容。当你发出一个笑容时，你很可能收到别人的笑容，于是你们就开启了正面的互动关系。不管你走到哪儿，笑容都能提升你的亲和力，让你散发更大的魅力，赢得更多人的好感。

第三，随意聊聊"同病相怜"的话题。

假设你感冒了，身体不舒服，还时不时咳嗽。你到车站等车，碰巧邻座的人对你说："感冒了吧，我也感冒了，咳嗽真痛苦……"虽然你和他素不相识，但是当你听到他和你有共同的烦恼时，你是不是立即对他有一种亲近感呢？这就叫"同病相怜"。接下来，你会像和朋友聊天一样说道："是啊，我最讨厌咳嗽了，喉咙很难受……"可见，谈论两个人都关心的话题有利于产生共鸣。

在人际交往中，如果你想赢得别人的好感，赢得别人的亲近，你不妨通过察言观色判断对方可能关心的话题，然后和他谈论有可能引起他兴趣的话题，这样你就能给对方一种"自己人"的感觉，从而给对方留下一个好感。这样你们就很容易成为朋友。

第四，学会用眼神和别人沟通。

初次见面时，尤其是和异性见面，万万不可盯着人家不放。否则，对方会觉得不好意思，容易对你产生误解。在与对方交流的时候，要保持眼神的平视，这样你会给人家留下十分强大的印象。

## NO.2 ↘透露点秘密，让他人感到你是“自己人”

每个人都有自己的隐私和秘密，之所以不愿意透露给别人，是因为我们认为那些隐私和秘密是不便于公之于众的。在日常生活和工作中，绝大多数人明白窥探别人的隐私是不礼貌的。但是如果有人主动把自己的隐私透露给你，你一定会觉得他对你很坦诚，把你当成了“自己人”，这代表着你们的关系不一样。同样的道理，当你主动透露点秘密给别人时，也能让别人感觉你是“自己人”，从而拉近彼此间的距离，让你赢得别人的信任。

比如，你和关系一般的同事聊天时，察觉到他的感情出了问题，于是你漫不经心地说：“不瞒你说，我曾经有一段非常失败的爱情，那时候我简直没有活下去的勇气，可是呢？现在我还不是好好的。”或许同事听了你这话，会马上豁然开朗。同时，他觉得你对他比较坦诚，就有可能对你袒露自己的感情困扰。然后你针对他的困扰，给他一些安慰和开导。通过这次聊天，你们的关系更进一步了。

孙莉对公司的一个男同事有好感，她想让他和自己坦诚地沟通，于是她想了个办法。一天，他和这位同事闲聊时，无意间说道：“实话告诉你，这几年我一直忙着工作，想多赚点钱买个房子，好让父母有一个安稳舒适的生活环境。不怕你笑话，我忙得都没心思谈恋爱。”言外之意是，孙莉目前还是单身，之前忙得没心思谈恋爱，现在想谈恋爱了。

男同事第一次听孙莉透露自己的事情，马上感觉到孙莉对他的信任。同时,他也领会到孙莉的画外音——还是单身,想恋爱。虽然当时他只是笑了笑,但是几天后他就通过短信对孙莉展开追求。

原来,这位同事一直对孙莉有好感,但不知道孙莉是否有男朋友,也没好意思开口问。但是当他得知孙莉单身时,心里特别兴奋,于是就追求孙莉。两人互有好感,自然是一拍即合,很快就走到了一起,开始了甜蜜的恋爱。

在透露秘密的时候,我们应该进行两方面的分析:一是为什么要透露秘密,二是透露哪方面的秘密。对于第一个问题,答案不言自明,自然是想拉近与别人的距离,和别人建立更加密切的关系。对于第二个问题,我们不妨看看孙莉的做法,她想恋爱所以透露了感情方面的事情,而且分寸把握得非常好。这样才不会显得轻浮,同时又给男同事留下了一个懂事孝顺的印象。

如果你和别人第一次见面,适当透露点秘密就更加容易打开别人的心门。通常来说,人们在和陌生人打交道的时候,往往会守口如瓶,戒备心理特别强烈。因此,如果你懂得反其道而行之,适当透露自己一点无关紧要的秘密,那么别人更容易接受你。

值得注意的是,透露秘密要注意场合,不要在公共场合透露个人秘密,否则针对性就弱很多;还要选择时机,不要在别人心烦意乱,根本没心思和你聊天的时候透露。另外,还要注意下面几点:

第一,透露的秘密最好具有真实性。如果是你故意编造的,也应该让人听起来合情合理,不要让别人发现其中的漏洞,否则别人会认为你把他当傻瓜。

第二,透露的秘密应该与对方的性情相对应。对方是什么类型的人,你就透露什么样的隐私,以此找到彼此的共同点,激发彼此的共鸣。比如,对方重视感情,爱和你谈论个人感情问题,你就向他透露个人的感情秘密;对方重视理财,你就透露点理财秘诀。

第三,透露的秘密不要影响个人形象。什么样的秘密可以透露,什么样的秘密不可以透露,你应该三思而行,千万不要把有损你个人形象的秘密透露出来。

## NO.3 ↘偶尔暴露一下缺点，别人更容易接受你

每个人都有缺点，但是人们总是习惯于把缺点掩藏起来，而尽可能宣扬自己的优点。如果你反其道而行，主动向别人透露自己的缺点，往往会赢得别人的信赖。这并不意味着你把所有的缺点都说出来，否则会破坏你的形象。你只需要透露一点无关紧要的缺点，比如，睡懒觉、性子急、粗心大意等。这样给别人的感觉是“虽然有些缺点，但大体上还不错”。

有一年，香港特别行政区的行政长官换届选举，在竞选即将开始的一段日子，作为有意竞选的候选人之一的香港前立法会主席范徐丽泰，在公共场合不断暴露自己的缺点，比如说，“我曾经患过乳腺癌，身体不太好，可能不能胜任我要竞选的工作”，“我一直在立法会工作，没有行政工作的经验，唯恐胜任不了”等。

对于范徐丽泰的举动，有人表示她看似是在自我揭短，自我示弱，实际上是在运用心理学策略，想通过暴露缺点来赢得选民的信任和支持。试想一下，对于范徐丽泰的身体不太好的缺点，如果不幸被她的竞争对手揭露出来，会产生什么不利影响呢？因此，与其被别人揭露出来，不如主动暴露，这就是范徐丽泰的智慧之处。

然而，在生活或工作中，大多数女人并没有范徐丽泰那样的睿智。她们在求职的时候，喜欢在面试官面前自吹自擂，对自己的缺点绝口不提，甚至当别人指出她们的缺点时，她们会为自己辩护。可是，这样做并不能赢得别人的好感。

有位人力资源经理讲到自己招聘员工的经历时说："如果求职者锋芒毕露，夸大自己的优点，对自己的缺点却说不上来，我一般不会录用他。如果求职者真的很出色，我能通过他的言谈举止以及简历等，大概地判断出来，毕竟招聘还有测试。"他建议求职者不要掩饰自己的小毛病，有意无意地卖点"傻"、学点笨，反而使人觉得更真实可信，更容易被人接受。

这位人力资源经理曾面试下面三位求职者：

第一位求职者说："我的学习成绩优秀，有出色的社会活动能力和领导才能。"在他的简历中，他特别强调了喜欢做饭，而且味道很好。

第二位求职者也讲到了自己的优点，与第一位求职者相差无几。但是在简历中，他提到曾经不小心碰翻了牛奶，搞得满地狼藉，他表示自己有些粗心。

第三位求职者和前面两位不同，他表示自己的学习成绩糟糕，社会活动能力不怎么样。但是他说自己做家务的能力很强，能快速把房间收拾干净。

这三位面试者，第一位十分完美，第二位略有欠缺，第三位小有优点。表面上看来，第一位面试者更容易录取，但是这位人力资源经理却录用了第二位。

为什么呢？因为没有完美的人，是人就会有或多或少的缺点。因此，当一个人既强调自己的优点，同时又适当指出自己的缺点时，才会给别人一种真实的印象，更容易给别人留下好感。由此可见，适当暴露一下缺点是不错的攻心策略。这种策略可以运用到各方面，能迅速拉近人与人之间的距离，让别人感觉到你的坦率和真实。

比如，有个男孩和女孩谈恋爱，女孩告诉男孩："我的工作性质比较特殊，要经常加班；我的性格比较内向，不太爱说话。"提前暴露了自己的缺点，一方面是提醒男孩做好心理准备，另一方面是在日后的交往中，如果女孩因为加夜班、不爱讲话影响他们的交往，男孩也不好意思生气。再说了，这样不是显得更加坦诚吗？

## NO.4 ↘想获得别人的好感，就别把精明挂在脸上

生活中，有这样一种女人：她们精于算计，爱争强好胜，觉得只有保持清醒、积极争取才不会吃亏上当。实际上这种想法大错特错，真正看起来精明的女人，往往不容易讨人喜欢，很难有一个好的人际关系。

更严重的是，这些看似精明的女人很容易成为男人的“玩具”，她们的精明最终换来男人的一颗假心。几番交手之后，落败的还是女人。不是说女人不够精明，手腕不够高，而是因为男人没有那么傻，他们不会对一个时刻把精明挂在脸上的女人认真。

为什么会这样呢？因为无论是男人还是女人，都不希望看到别人比自己精明。正如英国19世纪政治家查士德·斐尔爵士对他的儿子所说的：“要比别人聪明——如果可能的话，却不要告诉人家你比他聪明。”女人如果想获得别人的好感，就要牢记这句话，努力做到比别人聪明，但是不要告诉人家你比他聪明，更不要时时把精明挂在脸上。

曾馨莹是一个舞者，2008年，她和台湾首富郭台铭喜结良缘。一时间，她引起了媒体的关注，媒体关注的不是她的漂亮脸蛋，也不是她的性感身材，而是她为什么能在短时间内迅速赢得郭台铭的心，为什么能打败周围各色美人？

对于这个问题，很多人觉得不可思议。以郭台铭以往的绯闻女友来看，她的气质不及刘嘉玲，美艳不及关之琳，性感不及林志玲，为什么她能突出重围，成为郭太太呢？用郭台铭的话说，就是：因为她身上闻不到钱的味道。

郭台铭的话一下惊醒梦中人，让无数爱钱爱势的女人败得非常彻底。难道曾馨莹真的不爱钱吗？当然不是，只是她没有把“钱”写在脸上，没有把那点小心思、小精明写在脸上。所以，她才会让郭台铭觉得舒服，郭台铭才愿意娶她为妻。

纵观那些失败的女人，不是因为她们不够聪明，也不是因为她们不够魅力，而是因为她们心无城府，把一些小心思、小精明挂在脸上。比如，很多女人与明星、富豪交往，说白了就是冲着男人的钱去的，这样的女人不论何种男人见了都会胆寒。男人不是傻瓜，怎么会轻易让一个把“钱”写在脸上的女人成为自己的妻子呢？

曾馨莹懂得不把精明挂在脸上，最后赢得了大富豪的芳心。那么试问，如果普通女人懂得不把精明挂在脸上，是不是可以轻而易举地获得别人的好感呢？答案是肯定的，在普通的人际交往中，人与人之间涉及到的利益关系相比较于婚姻爱情中的利益关系少得多。因此，如果你懂得把精明藏起来，做一个有点傻的女人，即便是极品男人也会纷纷落马在你的脚下，更何况你只是想和别人成为朋友，这有什么难的呢？

作为女人，可以有野心，可以有心机，可以有精明，但是请不要把精明挂在脸上，藏在心里就好了。在与人交往中，少一点咄咄逼人，少一点争强好胜，少一点斤斤计较，你会变得更有魅力。正所谓温柔的女人可爱，平和的女人可亲，懂得装一点傻的女人有智慧，这种女人才是攻心的高手。如果你能做到这几点，那么你就会成为最受欢迎的女人。

## NO.5 ↘让别人做主角，自己心甘情愿当配角

不知道你有没有发现，腼腆甚至有点木讷的男孩，更容易获得女生的好感；谦逊甚至有些卑微的员工，更容易得到上司的欣赏和信任；善于聆听甚至附和的妻子，更能得到丈夫的宠爱和关心。

为什么会这样呢？究其一点，这些人甘愿做配角，而把做主角的机会让给别人。反之，如果你处处争当主角，无形中让别人成为了配角，那么你就失去了亲和力，你就会变得不受欢迎。

某传媒公司新来一位女员工，她的口才特别好，说起话来就像竹筒倒豆一样，哗啦啦地响，又像黄河之水，滔滔不绝。她思维缜密、旁征博引、抑扬顿挫，经常把人驳得不知怎么反驳，一时间哑口无言，好没面子。

后来，同事们都不愿意和她说话，比如，几个同事在聊天，见她过来了，就纷纷散去。同事们也不再和她争辩，她说什么大家权当没听见，懒得搭理。就这样，这个女员工被大家冷漠的态度孤立了。

或许你真的很优秀，但是你不一定要做主角。在与人交往中，你要做的是让别人喜欢你，而过于张扬、争当主角往往招人厌烦，因为你这样容易把别人比下去。也许你会说："我没有和别人比啊！"对，你本意不是和别人比，但是你成了主角，别人不就自然而然成为配角了吗？

所以，还是把主角让给别人吧，你去做别人的配角，让别人在你面前获得一种优越感，他们会更愿意和你打交道，更容易对你产

生好感。不要认为配角只能替别人做嫁衣，对自己没有一点帮助。其实不然，只要你有能力，做配角一样可以成就一番事业。

赵本山是大家非常喜爱的“小品王”。谁与他做搭档，无疑都只能做配角，因为他的光芒太过强大，容易把别人的光环盖住，但是范伟不在意这些，和赵本山合作了很多小品。在舞台上，范围只是想演好自己的角色，事实上他做到了，他把自己的配角演得非常出彩。最后，得到了观众们的认可，最后他获得了在电影《看车人的七月》中扮演主角的机会，并因此获得了第28届加拿大蒙特利尔国际电影节最佳男演员奖。

从努力做好一名配角，到最佳男演员，再到成为影帝，范伟用自己的成功经历告诉我们：只要你有才华，只要你努力，就算是做配角，你也一样会成功。当然，如果你暂时没有出众的才能，你就更应该脚踏实地地做好配角，等到你能力、条件具备时，你一定有机会做主角。

做配角不可怕，相反，做配角是你赢得人心的好办法。因为做配角表现出来的是一种谦虚的态度，一种合作的态度，你很容易散发出一种亲和力，给别人留下好感。而且做配角时，你能从主角那里学到想要的东西，主角也愿意和你分享他的处事技巧和工作技能。这样你会不断提高自己。

那么，怎样做才是一名合格的配角呢？比如，当你碰到大家都能做的事情时，不要抢着做。因为即使你做成了，别人也不会夸奖你，而且你抢着表现自己容易引起别人的不满，影响你的人际关系。但是，当别人做不了时，你及时站出来，这叫有担当。如果你表现得好，那你就很容易赢得认可。

再比如，当你和同事们开会商讨问题时，不要抢着发言，不要做结论性的言论，而应该把这个机会让给领导。而且在你提建议的时候，一定要注意语气，你可以说“我有个想法，不知道对不对……”这样显得你很谦虚，很低调。如果你对别人说：“我决定这么干，你看怎么样?”那你就显得有些狂妄了，容易招人反感。

值得注意的是，在人际交往中甘愿做别人的配角，不是让你一辈子当配角，有能力也不表现。而是说，在你羽翼未丰满的时候，做一名配角更有利于你成长；在你职位低人一等、年龄比别人小、资历比别人浅的时候，做一名配角显得你懂得尊重领导、长辈、前辈；在你与同事、朋友交往的时候，做一名配角显得你谦虚、低调、谦让，更有利于你赢得别人的好感，维护好人际关系。这才是做配角的意义所在。

## NO.6 ↘少数人才懂的攻心智慧：投其所好

在与人交往的过程中，怎样才能打动人心呢?其实最佳的办法是投其所好。别人对什么感兴趣，你就跟他谈论什么，让他谈得开心；别人的优势是什么，你就跟他谈什么，让他谈得得意；别人有哪些成绩，你就跟他谈什么，让他谈得自豪。如此，你能不招人喜欢吗?

不过，在投其所好之前，要对别人有一定的了解，要善于捕捉别人的真实意图，看透别人的心思，然后才投其所好。这是最神奇的人际关系攻心术。如果你懂得运用这招，就算别人在勃然大怒的时候，你也能三言两语让别人喜笑颜开。

袁世凯被称为“窃国大盗”，他曾窃取中华民国临时大总统的宝座，然后每天做梦都想当皇帝。一天，袁世凯正在午睡，一位侍婢送来参汤，供袁世凯睡醒之后进补。但由于进门的时候不留神，侍婢的脚被绊了一下，结果把盛汤的羊脂玉碗摔碎了。

袁世凯被玉碗破碎的声音惊醒了，顿时勃然大怒，大声吼道："你居然把我的羊脂玉碗摔碎了，今天我非要了你的贱命！"

在这生死关头，侍婢赶忙跪下来哭泣："不是小人的过错，侍婢刚才被吓到了，才摔碎了玉碗的。"

袁世凯骂道："什么？说来听听。"

侍婢哭着说："小人刚才端参汤进来时，看见床上睡的不是大总统。"

"混账东西，"袁世凯怒不可遏道，"床上不是我，那是谁？"

"小人不敢说！"侍婢哭泣道。

袁世凯咬牙切齿地说："赶快说，否则我马上杀了你！"

"我说，我说，刚才我看见床上躺着一条五爪大金龙！奴婢见了，吓得跌倒在地……"

袁世凯一听，内心不由得一阵狂喜，以为自己是真龙转世，马上就要当皇帝了，于是怒气全消了，还重重奖励了侍婢。

侍婢终日侍奉袁世凯，对袁世凯做梦都想当皇帝的心理了如指掌。因此，在那生死关头，侍婢才能精准地抓住袁世凯的心思，通过投其所好来逢迎他，使他转怒为喜。为此，她不但捡回了一条小命，还得到了重奖。可见，投其所好的攻心术威力无比强大。

在你的周围，你的上司、同事、朋友、老公都有不同的喜好。如果你想他们越来越喜欢你，你不妨学学那位侍婢，用投其所好的办法与之交往。那样你一定会在人际交往中左右逢源，八面玲珑。在运用投其所好的攻心术时，要注意什么呢？

首先，你要搞清楚别人的兴趣爱好、内心意图，掌握别人的心思。然后，你要注意察言观色，摸清别人的喜怒哀乐，在此基础上再对症下药，投其所好，就可以迎合别人的心理，满足别人的需求了。如此，你在职场中才容易赢得上司的好感，得到上司的重用；在同事们中，你才能和大家打成一片，成为人人喜欢的搭档；在老公面前，你才会成为善解人意、女人味十足的妻子。

另外，要做到投其所好，还应该从小事入手。比如，你知道某个同事喜欢吃苹果，你可以带一些苹果给他吃；当别人心情很好时，你就不要说大煞风景的话；当别人心情很差时，你就别说自己得意的事情，而应该真诚地安慰他。通过这些小事投其所好，别人会不知不觉地喜欢你。

## NO.7 ↘善用同理心，女人社交更顺利

有句话叫“理解万岁。”什么是理解呢？其实理解就是一种同理心，是指设身处地替别人着想，领悟别人的态度和观点。在人际交往中，善用同理心有助于你更好地理解别人的感受，也可以让别人更好地理解你的感受，还可以提高你的说服力，让你赢得更多的认同，赢得更多的朋友。

在美国经济大萧条时期，20岁的玛莉亚好不容易才找到一份工作——在一家高级珠宝店当售货员。在圣诞节的前一天，一位30多岁的顾客走进了珠宝店，玛莉亚发现他衣着破旧，满脸哀愁，不断地看店里的高级首饰。

突然电话响了，玛莉亚在接电话的时候不小心把碟子碰翻了，碟子中的6枚钻石戒指落到地上。她赶紧弯腰捡戒指，但发现只有5

枚，第6枚哪里去了呢？正在这时，玛莉亚看到那个30多岁的顾客正向门口走去，她马上意识到戒指被他拿去了。于是她追了过去，轻声叫道："对不起，先生。"

男子听了玛莉亚的喊声，转过身来问："什么事？"

玛莉亚神色黯然地说："先生，这是我找了很久才找到的工作，现在工作很难找，想必你也有体会，不是吗？"

男子审视了玛莉亚十几秒，然后脸上浮现出一丝微笑："是的，的确如此，但我能肯定的是你在这里做得不错，我可以祝福你吗？"说完他把手伸向女孩。

"谢谢您的祝福。"玛莉亚立即伸出手，两人握了一下手，男子把第6枚戒指还给了她。

在意识到男子拿走了第6枚戒指时，玛莉亚没有大喊抓贼，她选择了一种温和的、给人留面子的方式轻松要回了戒指。在这个过程中，玛莉亚运用了暗示和同理心，赢得了那名男子的理解，在"工作难找"这个问题上引起了男子的共鸣，最后顺利说服男子归还了戒指。

在人际交往中，我们要学会像玛莉亚那样为人处事，既要考虑别人的自尊心和面子，给别人留台阶，又要想办法让别人更好地理解自己的困境。如此，我们才能更好地赢得别人的认同和帮助，我们才能顺利地办事。

身为女人，最优秀的品质莫过于温柔、体贴、善解人意。在人际交往中，你应该把这些优点发挥出来，在说话做事的时候，保持温和的态度；在与人共事、求人办事时体谅别人的难处，保护别人的自尊心；在别人犯错、失败、沮丧的时候，对别人表达理解和同情，选择宽容和谅解。这样你的魅力将会感染身边的每个人。

在中国的人情世故中，最讲究的一点是给人留余地、留台阶、留面子，直截了当、图穷匕现是不明智的。因此，女人一定要善于站在别人的角度上看问题，同时又温婉地把别人引导到自己的角度上来看问题，给彼此一个回旋的余地，使大家达到互相理解的交往效果。具体而言，善用同理心应该怎么做呢？

方法1：不要在众人面前揭别人的隐私

谁都不愿意把自己的错误或隐私曝光在众人面前，一旦被人曝光，就会感到难堪甚至恼怒。因此，在人际交往中，一定要避免触及别人的隐私，更不能公然当众揭发别人的隐私，让别人出丑。明智的做法是点到为止，给别人留面子，给自己留一个受人欢迎的机会。

方法2：不要有意渲染张扬对方的失误

谁都不是完美的人，谁都有犯错的时候，对于别人的失误，女人真的没必要锱铢必较。比如，老公有一次喝醉了酒，吐得满地都是，出尽了洋相。做妻子的不应该经常把这件事拿出来说，甚至夸大其词，说老公经常喝醉酒。否则，会搞得老公很没面子，而且会显得妻子为人刻薄，内心狭隘。

方法3：多说别人的长处，少说别人的不足

俗话说："打人莫打脸，骂人莫揭短。"中国人很讲究面子，为了面子，小则翻脸，大则闹出人命。如果你不顾别人的面子，当众说别人的短处，那么你会因此而吃苦头的。因此，聪明的话就多说别人的优点，这样既能帮别人树立形象，给人面子，也能让你赢得好人缘。

方法4：见好就收，不要使对方败得太惨

在与人讨论、争论问题的时候，要懂得适可而止，不要见到别人已经败了，已经知道自己的观点不对时，还继续猛烈攻击，非得把别人驳斥得跪地求饶；在比赛中，如果你已经胜了，就不妨"放放水"，给别人留点面子。比如，有些象棋高手，在连赢几盘之后，往往会故意走错几步，让对方最后赢一两盘。这样别人会记得你的好，会感激你给他留面子的。

## NO.8 ↘打一巴掌，再给个甜枣，效果更好

俗话说："打一巴掌，再给个'甜枣'吃。"意思是批评、责罚别人之后，要记得肯定别人，给别人一些信心。这样有助于别人更好地接受你的批评，朝你引导的方向走。

如果把批评、责怪比喻为"火攻"，那么肯定、赞扬就是"水疗"了。在人际交往中，难免有批评、责怪别人的时候，但如果一味地"火攻"，会让别人痛不欲生；在人际交往中，也难免有肯定、表扬人的时候，但如果一味地"水疗"，很可能导致别人产生骄傲情绪，也不能达到理想的效果。最好的办法是水火并进，双管齐下，这样才能让人在被批评之后心服口服，同时又因你的肯定而倍加感激。

后藤清一是日本三洋机电公司的前副董事长。他年轻的时候，曾在著名的松下公司任职。有一次，他犯了一个错误，惹恼了松下幸之助。松下幸之助把他叫到办公室，气急败坏地怒吼，还拿起一只火钳死命地往桌子上拍击。

后藤清一被骂得狗血淋头，正当他准备悻悻地离去时，忽然听见松下幸之助说道："等等，刚才我太生气了，不小心把这火钳弄弯了，麻烦你费点力，帮我弄直好吗?"

后藤清一很无奈，只好拿起火钳拼命敲打，他的心情也在这敲打中逐渐归于平静。当他把敲直的火钳递给松下幸之助时，松下幸之助看了看，然后笑着对后藤清一说："嗯，你真不错，这个火钳比原来还好。"

后藤清一走后，松下幸之助悄悄地给后藤清一的妻子通了电话，说："今天你先生回家脸色可能不好看，请你好好照顾他。"原本后

藤清一被臭骂了一顿决定辞职不干了，但松下幸之助的做法让他佩服得五体投地，决定继续效忠于他，而且干得比以前更出色。

批评下属之后，又找了个题外话来称赞对方，这是松下幸之助的高明之处。从松下幸之助给后藤清一的妻子拨打的那通电话来看，松下幸之助是一个非常懂得照顾别人感受的人。这样的领导怎么会不被下属敬佩呢？

从这个故事中，我们可以体会到“打一巴掌，再给个甜枣”的妙用。在人际交往中，我们也可以运用这个方法来达到“批评别人又不伤人感情”、“责怪别人又不至于打击别人”的目的。通过恩威并施，让别人更容易接受你的观点，更加服从你，更加喜欢你。

美国著名企业家玛丽·凯曾这样说道：“决不可只批评不表扬，这是我严格遵循的一个原则。你无论批评什么表现或者批评哪个人，也得找点值得表扬的事情留在批评后。这叫做先批评，再表扬。”当然，“打一巴掌，再给个甜枣”的方式并不是绝对的，你也可以先“给别人一个甜枣”，然后再“打别人一巴掌”，即先表扬别人再指出别人的不足。

比如，一位妻子对丈夫说：“你穿的衣服真整洁，看起来真舒服。”丈夫听到妻子的表扬非常高兴，喜形于色。妻子抓住时机，接着说：“如果你以后把房间也打扫得这么整洁，那就更好了。”丈夫笑着说：“行，没问题。”

这位妻子用的就是刚柔相济的方法，让丈夫意识到要重视房间的整洁。试想，如果妻子直接批评丈夫：“你整天把房间弄得乱糟糟的，你知道我多难整理吗？你为什么知道把自己打理得整洁干净，却不知道把房间打扫干净呢？”丈夫听到这样的批评可能会生气，也可能会为自己辩护。这样，妻子就达不到批评的目的。由此可见，在批评别人的时候，既要把握好分寸，又要善于与赞扬结合好，这样才能达到理想的效果。

# 第七章

## Chapter 7

## 会说话的女人最强大：聪明女人最想学的说话技巧

语言是人与人之间沟通的纽带，纽带质量的好坏，直接关系到沟通的效果。尤其对女人而言，优秀的口才、有技巧地说话不仅影响人际关系和事业发展，还关系到恋爱、婚姻家庭生活的质量。会说话的女人才能在职场上、在朋友圈子中八面玲珑，才能在情场上魅力四射，在婚姻家庭生活中集万千宠爱于一身。一句话，会说话的女人最好命。

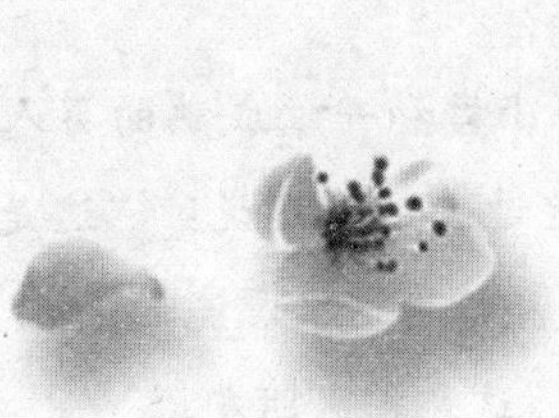

BEING A WOMAN SHOULD NOT BE
TOO HONEST

## NO.1 ↘会说话的女人走到哪儿都吃香

俗话说："一句话能把人说笑，一句话也能把人说跳。"会说话的女人可以口吐莲花，把话说得滴水不漏，让人心情舒畅；不会说话的女人则能把人说得血压升高，让人好心情烟消云散，甚至会引起严重人际纠纷和矛盾。小梅就是这样的女人，经常说错话，不知得罪了多少人。她也感觉很郁闷，明明是一片好心，但却办了坏事，搞得人际关系充满了阻碍。

早上，领导刚一进办公室，小梅发现领导的头发乌黑发亮。她想恭维领导一番，就说："啊呀，王总今天用了什么法宝？头发那么亮，人也很精神，年轻了好几岁啊！"领导表情有些尴尬，哈哈两句就走进了办公室。过了一会儿，同事悄悄对小梅说："领导戴的是假发，他秃头你不知道吗?"

下午，小梅见同事小樱和一位成熟的男人在公司门口，她想这肯定是小樱的父亲，就过去对小樱说："这是你爸吧？虽然年纪大了，但依然风度翩翩，难怪有这么漂亮的女儿。"小樱红着脸，不高兴地说："胡说什么呀，这是我男朋友。"

晚上，小梅拎着一些水果，陪着丈夫去医院探望姑妈，问寒问暖，姑妈很高兴。过了一会儿，姑妈让他们早点回家，说他们明天还要早起上班。小梅想多陪姑妈一会儿，就脱口道："我周末带儿子去动物园看猴子都不止这么一会儿呢，没事，我多陪你一会儿。"气得姑妈血压升高，小梅却毫无知觉。

生活中，就算你在行为上、物质上、内心里都是出于好意，但由于你措辞不当，说错了话，别人对你的感激之情也会瞬间烟消云散。结果你不但没得到别人的好感，反而让别人厌烦。小梅就是一面镜子，在人际交往中，我们一定要引以为戒。如果你不确定说出的话别人是否高兴，你不妨谨慎开口，免得祸从口出。

女人一定要明白，说话不仅是一种生理功能，更是一种生存能力。看看那些会说话的女人，纵然只言片语，也能绕梁三日，让人高兴好几天；哪怕口若悬河，也不会让听众生厌，反倒让人视其为一种享受。语言就是这么神奇，其魅力就是这么强大。

会说话的女人走到哪儿都吃香，在职场谁也夺不走她的饭碗；在情场，谁也无法盖过她的魅力；在婚姻中，没有不招丈夫和家人疼的。大家熟悉的《红楼梦》中的王熙凤，就是这样典型的一个女人。在《红楼梦》第三回中，林黛玉的父亲去世之后，她进了京城，来到荣国府，王熙凤说的几段话非常有水平，特别招人喜欢。

人未到，就先听到了王熙凤的声音："我来迟了，不曾迎接远客！"王熙凤还没有出场，就给人一种热情好客的印象。

见到林黛玉之后，王熙凤拉着她的手，上下打量了一番，然后把林黛玉拉到贾母身边坐下，笑着说："天下竟然有这样标致的人物，我今儿算是见到了！况且这通身的气派，竟不像老祖宗的外孙女儿，竟是个嫡亲的孙女儿，怨不得老祖宗天天口头心头一时不忘。只可怜我这妹妹这样命苦……"

一席话，说得贾母悲中含喜，心里舒坦，说得林黛玉情动于衷，感激涕零。当贾母半嗔半怪地说："不要再让黛玉伤心了。"王熙凤马上话头一转，说："正是呢！我一见了妹妹，一心都在她身上了，又是喜欢，又是伤心，竟忘了老祖宗。该打，该打！"

王熙凤的话可谓滴水不漏，让人心生感动。在现代社会，这样会说话的女人不乏其人。她们身处不同的社会环境，从事不同的职业，在自己的领域里都有不俗的表现。她们有高深的说话功力，无论走到哪里都吃香，都会迅速与周围的人打成一片，赢得良好的人际关系。

值得注意的是，女人会说话不仅仅是耍嘴皮子那么简单，会说话是一种可贵的口才，不但有技巧和功力，还要有深刻的思想内涵。会说话的女人在说话的时候懂得看场合、分对象，在求人办事之前懂得根据人物的喜好恭维别人，懂得投其所好，而且还不乏幽默。所以，我们要锻炼好口才，成为一个口吐莲花、说话滴水不漏的好命女人。

## NO.2 ↘女人怎么说，男人才肯听

在女人的一生中，不可避免地要和男人打交道。一个会说话的女人在公司中受同事欢迎，在恋爱中讨男朋友喜欢，结婚之后被老公宠爱。而一个不会说话的女人，则处处惹恼男人，搞得人际关系紧张，婚姻爱情危机重重。

有个女人有一句口头禅：“难道这样不对吗？”她想让老公穿得体面一点，想让老公讲卫生，想让老公少喝酒，但是每次都会惹恼老公，因为她就会说：“难道这样不对吗？”老公说：“对是对，但是你那样说我不爱听。”结果，他们大吵一架。

生活中，你是否发现这样一类女人：她们说话有道理，但是却不被男人认同；她们的建议很中肯，但是却不被男人接受；她们的心意是好的，但是却被男人当成“驴肝肺”。为什么会这样呢？究其原因，就是因为她们不会说话。

那么，怎样说话才能受男人欢迎呢？怎么说话男人才肯听呢？

技巧1：用温柔化解男人的刚烈脾性

男人纵然是钢筋铁骨，男人纵然不苟言笑，只要听到女人温柔的话语，也会不由自主地柔和起来。温柔是女人感化男人的最佳武器。当女人和男人发生冲突时，与其高声争吵，不如温柔低泣；当女人和男人意见不一致时，与其争辩，不如微笑认同；当男人犯错时，女人与其大声批评，不如委婉提醒。总之，温柔的女人比“男人婆”更容易化解男人的刚烈脾性，更容易俘获男人的心，更容易赢得男人的好感。

技巧2：用赞美突破男人的心理防线

对男人来说，同性的一百句赞美，抵不上女人的一句鼓励有效。有人说，男人之所以努力奋斗，很大原因是身后有女人的崇拜和欣赏。所以，女人千万不要吝啬赞美，尤其是对你的男朋友、你的老公。当男人表现突出时，你对他说：“你真行”、“令人难以置信”之类的话，不仅能给他们极大的激励和勇气，让其更有信心，还很容易俘获他们的心，赢得他们的好感。如果你经常赞美男人，那么你说出的话男人更愿意听。

技巧3：用请教满足男人的虚荣心

男人在任何时候，都希望被女人请教。当你征求他的意见时，能满足他被关注、被需要、被崇拜的心理，他会非常乐意向你提供各种建议和帮助。同时，他也会对你产生好感。因此，你说出的话，他也更加愿意听。

技巧4：用“委婉”维护男人的面子

男人都是要面子的，女人一定要掌握男人的这种心理，在该给他面子的时候，一定要给足。这样你才会赢得男人的心，从而营造良好的人际关系，营造和谐的夫妻关系。很多女人希望自己的丈夫对自己惟命是从，于是很多男人被冠以“妻管严”之称。但真正聪明的女人不会管着丈夫，而是懂得在外面给男人面子。男人在外面有了面子，自然会更加爱女人，自然会听女人的话。

在日常生活中，聪明的女人懂得从小事上维护丈夫的面子。她们绝对不会对丈夫说：“想当初，他只是一个穷小子，为了讨好我，一天看我三次，连我的内衣内裤都抢着洗。”她们也不会在别人面前说自己的丈夫：“他一点都不老实，见到漂亮姑娘就走不动了，你们可要帮忙监督着他!”相反，她们会在别人面前夸奖自己的丈夫，让丈夫很有面子，这样的女人怎么不受宠呢？这样的女人说话男人怎么会不听呢？

技巧5：用倾听接纳男人的喜怒哀乐

有一个机构曾做过一项调查，调查报告里引用了一位心理学家说过的话：“作为一个妻子，应该做好一件重要的事情，那就是让丈夫在自己的面前尽情地倾诉内心的苦恼。”妻子是什么，妻子是丈夫的“镇定剂”，妻子是丈夫的“共鸣器”，妻子是丈夫的“防哭墙”，妻子还是丈夫的“加油站”。

对于男人的倾诉，女人要认真地倾听，千万不要表现出不耐烦、心不在焉。其实，作为女人你也有同感，你也想和男朋友或丈夫倾诉一天发生的事情。如果他爱答不理，或假装倾听，但实际上早已走神，你肯定会觉得自己不受重视，自己的感受不被在意。男人也会有这种心理。因此，聪明的女人一定要善于倾听男人的心声，接纳男人的喜怒哀乐，并适当地给男人一些安慰和鼓励。如果你这样做，男人一定会更加喜欢你，更加爱你，更加听你的话。

## NO.3 ↘到什么山上唱什么歌，说话看对象

俗话说："到什么山上唱什么歌，见什么人说什么话。"意思是说话要注意场合和对象，不能信口开河，避免得罪人。

有人说，场合是衡量一个人说话分寸的试金石。试想一下，当一个正常人在众人面前发现自己裤子的拉链开了时，他会本能地背过身去，悄悄地把拉链拉上。同样的道理，一个正常人在众人面前，会本能地闭口不谈自己的隐私。这就是说话场合的分寸把握，我们应该把这种分寸融入到潜意识中去。

生活中，有些女人似乎总少那么一根筋，说话不看场合。比如，在寿宴上大谈人寿保险的好处；在新婚现场对新郎新娘说："今天饭店的菜真好吃，下回还要记得请我，我一定来。"在飞机场大谈飞机失事有多么可怕。她们只顾自己说得开心，却忘了已经中伤了别人。这就是不会看场合说话的表现。

某法院开庭审理一起入室抢劫案，被告在法庭上一口咬定自己没有入室抢劫。为了核实事实，审判长准备把被告的妻子传到庭上作证。但由于一时着急，他竟然脱口说道："把被告的老婆传上来。"

顿时，法庭现场一片哗然，严肃的气氛立即被冲淡了。

法庭之上，审判长应该用法庭用语，宣布："传证人某某某到庭。"这才是符合场合的话语。而他不注意场合，说出日常用语，自然坏了法庭的规矩。由此可见，说话分场合非常重要。只有依据不同的场合，选取最恰当的语言，才能准确到位地表达思想感情，才能说得恰如其分。这就叫"到什么山上唱什么歌"，也可以说"拿什

么钥匙开什么锁”。通常来说，说话要看以下几种场合：

自己人场合和外人场合。对自己人关起门来说话，可以无话不谈，甚至可以说些放肆的话。而对外人说话，要注意措辞，要怀有戒心。正所谓“逢人只说三分话，未可全抛一片心”，要努力避免“乱放炮”、得罪人。

正式场合与非正式场合。在正式场合说话要严肃，事先要有所准备，不能胡言乱语。在非正式场合，说话可以随意一些，就像聊家常一样，在轻松的氛围中交流感情。切忌，在正式场合讲话要注意措辞，不要讲一些俗不可耐的话；在非正式场合说话要通俗易懂，而不要文绉绉的。

庄重场合与随便场合。比如，你参加老人家的寿宴，见到寿星时可以说：“我特地来看望您的！”这样显得庄重、有诚意。如果你对寿星说：“我是顺便来看你的。”就显得很随便，没有诚意了。当然，在随便的场合可以这么说，以减轻对方的负担。比如，邻里之间串门时，可以说得随便点。

喜庆场合与悲痛场合。一般地说，说话要注意场合中的气氛。在别人办喜事时，最好别说悲伤的话题；在别人办丧事时，不要嘻嘻哈哈，说逗乐的话题。否则，别人会说你太不懂事了、太没教养了。

说话除了要看场合，还要看对象。俗话说：“见什么菩萨卜什么卦，看什么人说什么话。”就是讲的这个道理。因为不同的人有不同的身份、地位、长幼之分，在说话之前，一定要清楚别人的身份。比如，和老人家说话，要多用敬语，要表达礼貌，比如，“大爷，您好！”和孩子说话，要力求通俗易懂，简单明了，而不要装腔作势；和下属说话，要注意语气，不要太过随便；和客人说话，要杜绝生硬的口气，避免使用套话。总之，说话之前要看看你面前是什么人，这样才能达到妙语生花的效果。

珍珍是一名优秀的餐厅服务员，她在接待客人的时候，非常善于看对象说话。

当她看到知识分子进店时，就说："同志，请到这边坐。想要清淡口味的，还是偏辣的？拌鸡丝或溜里脊怎么样？"

当她看到工人进店时，就说："师傅，刚下班吧，想吃盖浇饭，还是拉面呢？"

当她看到乡下老大娘进店时，就说："大娘，来了啊，身子骨真硬朗啊，您想尝点啥？"

与知识分子打招呼文雅、委婉，与工人同志打招呼直接、爽快，与老大娘打招呼通俗、朴实。这样就恰到好处地适应了不同的说话对象，让人觉得珍珍的谈吐有亲和力。

事实上，说话看对象并不是一件容易的事。如果你想做到这一点，就要做一个有心的女人。在听别人说话的时候，仔细品味人家的身份、地位、学识，用符合他口味的说话方式与他交流。

一般说来，与诚实、严谨、老练的人说话，要注意表达尊敬的态度，说话要稳重一点。既不要高谈阔论，也不要巧舌如簧，而应该让你的语言朴实无华，直而不曲，给人一种老实、敦厚的印象；与性情豪放、粗犷的人说话，要表现得耿直、爽快，甚至可以知无不言、言无不尽，表现得是非、善恶分明；与学识渊博的人说话，你不妨以理论为题谈起，引经据典，而且要注意措辞文雅和含蓄，显得谦虚好学。

总之，到什么山上唱什么歌，见什么人说什么话，用不同的谈话方式适应不同的场合和不同的对象。这样你就会成为受欢迎的女人。

## NO.4 ↘话要从对方得意的事情说起

在与陌生人打交道的时候，你最好事先对他有所了解，清楚他得意的事情、感兴趣的事情、关心的事情。见面之后，你就可以从对方得意的事情说起，迅速打开对方的话匣子，以消除你们初次见面的尴尬气氛。

我们知道，每个人都有自己引以为傲的事情。当你和别人说他得意之作时，他定然会产生浓厚的谈话兴趣，然后滔滔不绝地向你介绍那件事，你只需认真倾听，时不时发出好奇的提问就可以了。相信他在兴奋之余，也会对你产生好感。

下面这个故事对老实女人非常有启发意义：

伊斯曼是美国柯达公司的创始人，坐落在罗彻斯特的一座音乐堂、一座纪念馆和一座戏院都是他曾经捐赠巨款建造的。很多制造商都想承接这批建筑物内的坐椅，彼此间展开了激烈的竞争，但是每个找伊斯曼谈生意的商人都败兴而归。在这种情况下，有位座椅公司的经理亚当森前来拜访伊斯曼。

亚当森首先见到了伊斯曼的秘书，秘书对他说："很明显你非常想得到这笔生意，但我要提醒你的是，伊斯曼先生是个大忙人，也是一个严厉的人，你进去之后要快点讲，不要让时间超过5分钟。"亚当森笑着说"知道了"。

在秘书的引导下，亚当森走进了伊斯曼的办公室，他看见伊斯曼正在堆满文件的办公桌上埋头苦干。亚当森不好意思打扰伊斯曼先生，只好静静地站在那里，仔细地打量那间办公室。

过了一会儿，伊斯曼抬头发现了亚当森，便问道："先生有何见教？”

亚当森没有直接回答伊斯曼的问题，而是说：“伊斯曼先生，刚才我在静静等待你的时候，仔细观察了你这间办公室。我本人是从事室内木工装修工作的，但恕我直言，我从来没有见过装修这么精致的办公室。”

伊期曼回答说：“哎呀！要是你不说，我还真忘了这件事。这间办公室是我亲自设计的，建好之后我非常喜欢，但是后来一忙，一连几周都没有机会好好欣赏它了。”

亚当森走到墙边，伸出手在木板上擦了擦，说：“我想这是英国橡木，对吧？意大利的橡木质地应该不是这样的。”

“是的”，伊斯曼听到亚当森的话，显得有些激动，他站起来说：“那是从英国进口的橡木，我一位专门从事室内橡木研究的朋友从英国帮我订的货。”

就这样，伊斯曼和亚当森开心地聊了起来。他把室内所有的装饰一一向亚当森介绍，从木质谈到比例，再谈到颜色，再谈到价格。在整个过程中，亚当森始终微笑着倾听，显得饶有兴趣。之后亚当森询问伊斯曼的经历……他们谈了一个小时又一个小时，一直谈到中午。

结果可想而知，亚当森顺利得到了这笔生意，而且他和伊斯曼先生还成了非常好的朋友。

为什么伊斯曼和亚当森谈兴浓厚？为什么他把那笔大生意给了亚当森呢？这与亚当森的口才有很大的关系。他懂得从伊斯曼先生得意的事情说起，一下子满足了伊斯曼先生的自尊心，激发了伊斯曼先生的谈话兴趣，由此赢得了伊斯曼先生的好感，最后得到了那笔大生意。假如他一进办公室就谈生意，很可能没讲 5 分钟就被伊斯曼先生赶出来。

人都喜欢被恭维、被赞扬。在与人交谈时，先从对方得意的事情说起，就是一种高明的恭维和赞扬。当你对别人的得意之作表现出浓厚的兴趣时，间接地表明你认同这个人，表明你和他志同道合，这自然容易赢得他的好感。

孔子说过："道不同，不相为谋。"志同道合的人自然谈得来，有一见如故的感觉。比如，当你拜访一位陌生人时，看见他手里拿着一个东西，你可以问："你对这个感兴趣？看来你是这方面的行家，我也对这个感兴趣，正好我有个问题想请教你。"这样你们的谈话就会顺利进行下去。

试想一下，假如两个人都对象棋感兴趣，你们以此为媒介物，就能顺利地聊开。你可以聊聊下棋的情趣及车、马、炮的运用，也可以请教他最得意的招法，还可以找个合适的场所摆上一局，切磋一下等等。如此，你们肯定谈得十分投机。就算你对象棋不太了解，只要你精心倾听，适时提问，也能赢得对方的好感。

## NO.5 ↘点到为止，有些话不能说得太透

古人说："逢人只说三分话，未可全抛一片心。"对人要有防备之心，不可把自己的底牌全部透露，否则就很容易陷入被动的地位。其实，这句话还有另外一种意思，那就是强调说话的分寸，要点到即止，避免说得太直白、太透彻，让人下不来台，造成尴尬。

一天傍晚，正值下班高峰期，地铁里拥挤不堪，偏偏这个时候上来一位抱小孩的老太太。大家上了一天的班，都非常疲惫，没有人起身让座。过了好一会儿，才有一个年轻小伙子起身示意那位老

太太去坐。

小伙子还没完全站起身，那位老太太就冲了过去，马上一屁股坐下来。一旁的小伙子被挤得失去了平衡，但老太太坐下来之后，只顾喘气定神，丝毫没有道谢的意思。

一旁的林女士看不下去了，她假装不经意地逗小孩："小朋友，叔叔给你让座，你还不谢谢叔叔啊？"这一句话提醒了那位老太太，她忙对孩子说："快，谢谢叔叔。"同时，她也对小伙子表达了谢意。

那位小伙子听到了她的感谢后，忙笑着说："不客气，不客气。"

看似不经意间的一句话，却提醒了不懂礼貌的老太太。在公共场合，林女士既传播了文明礼貌的概念，又不至于让老太太没面子，这一句提醒可谓高明。

试想一下，如果林女士在一旁用责怪的口气说："这位老人家怎么一点都不懂礼貌啊？人家小伙子给你让座，你那么粗鲁，而且一句感谢都没有。"那么，老太太非得和她大吵一架。可见，要想劝服别人，需要保护别人的自尊心，这样才能把话说到别人的心坎里。

从这个案例中，我们可以得出结论：说话要注意场合，不能把话说得太透，这样才能给人留回旋的余地。无论你是提忠告，还是劝说别人，都不能把别人的退路堵死，切勿将别人批评得一无是处，该委婉的还要委婉，否则很容易引起对方的逆反心理，搞得大家不欢而散。这就是说话的智慧。

曾有一位书生向一位高僧求教说话的艺术，高僧给他开了一副药方，药方的内容是："热心一颗、温柔两片、三分说理。"这副药方是什么意思呢？具体而言，"热心一颗"和"温柔两片"说的是要心怀好意、与人为善、语言温柔，而"说理三分"则包含两层含义：

第一，"说理三分"指的是一种说话技巧。如果你的话有道理，而对方又不傻，那么你无需把道理讲得过于透彻、详细，只要一点，对方就会顿悟过来。所以，话说三分就足够了，根本没有必要讲得面面俱到。

第二，“说理三分”指的是一种处世态度——宽容。因为人无完人，每个人或多或少都有一些缺点。对待别人的缺点时，你只需巧妙地点几句，对方自然就明白你的用意。而且你点醒他还给他留了面子，他还会感谢你。

事实上，“说理三分”就是教我们说话不能太露骨，不能太咄咄逼人，而要学会半含半露。这是一种大气，是一种涵养，还是一种风度，是说话办事的大智慧。你在批评别人的时候，需要这种智慧；你在忠告别人的时候，也需要这种智慧；你在提醒别人的时候，更需要这种智慧。当你参透了这种说话的智慧之后，你就不再是一个胸无城府、口无遮拦的招人烦的女人了。

## NO.6 ↘恭维对方时，要找准其穴位

在人际交往中，如果你想赢得别人的好感，就有必要学会恭维对方。恰当的恭维、发自内心的赞美，能让别人开怀一笑，从而拉近他与你的心理距离，促进你们更好地沟通。比如，你去朋友家做客，看见他客厅的墙壁上有一幅色彩明丽的山水画，你可以赞扬道：“这幅画真不错，给客厅增加了好多神韵，是谁买的呢？真是好眼力！”也许你这句不经意的赞美，会让朋友获得意外的惊喜，大大增进对你的好感。

有一对夫妇结婚8年，一直没有孩子，为了弥补内心的空虚。

夫人养了几只小狗，对小狗非常疼爱。

一天，先生和夫人在家看电视，一个女汽车推销员上门推销汽车。进门之后，她发现这对夫妇家里有几只小狗，忍不住对夫人养的狗大加赞赏，说狗的毛色纯洁、有光泽，黑眼圈，黑鼻尖，是最名贵的一种狗。还巧妙地恭维夫人对狗照顾得细心周到，并表示自己也非常喜欢小狗。

夫人听了这位销售员的恭维，顿时有些飘飘然，以为自己拥有世界上最名贵的狗，情不自禁地对那位推销员产生了好感。

推销员走后，夫人忍不住劝说丈夫买车，正好丈夫也有买车的意向，于是就答应了。两天后，当女推销员打来电话时，这对夫妇痛快地表示要买她的车。就这样，女推销员顺利卖出了一辆车。

希望获得肯定、赞扬和恭维，这是人性的本能。无论是谁，都会在别人的赞美声中开心起来，而我们赞美、恭维别人并不会因此受到损失，相反，还能给我们带来无数的朋友，会让我们更顺利地办事，何乐而不为呢？

不过，在恭维别人的时候，一定要找准切入点。上文中的女推销员恭维夫人的小狗，因为那是夫人的骄傲，因此深得夫人的欢喜。这就是聪明的恭维。如果她恭维夫人不感兴趣的东西，就无法取得良好的推销效果了。

比如，孩子都是自家的好。因此，在与有孩子的人打交道时，不妨从他们的孩子身上下手，找准他们孩子的优点加以恭维。比如说：“你家孩子真机灵！”“你家孩子真精神。”“你家女儿真可爱。”等等。通过恭维孩子，让家长引以为豪，家长开心了，他们也就更喜欢你了。

值得注意的是，在恭维的时候一定要有诚恳的态度。只有态度诚恳，才能让别人看到你的真心，才能收到理想的效果。如果你的恭维毫无诚恳之意，别人一眼就看出你的虚伪，那么这样的恭维还是不要出口为好。

恭维是一门大学问。有些人认为别人当面恭维自己是讨好自己，会产生反感情绪。遇到这种人，你不妨换个恭维的方式，在背地里恭维他。等到你的恭维传到他的耳朵里时，他一定会倍加开心，这种恭维所取得的效果有时比当面恭维还要好。

姗姗是某企业的员工，有一次她与同事午休闲聊的时候，顺便说了上司的好话："吴主任这个人真的很不错，办事公正，为人和蔼，从来不在我们面前摆架子。在工作中，对我的帮助很大，能在这样的领导手下做事，真是一种幸运。"

很快，姗姗的话就传到了吴主任的耳朵里，让吴主任感到非常欣慰和感动。顿时，姗姗在他心目中的形象一下子提升了。在以后的工作中，吴主任对姗姗更加照顾，有好的机会都会优先给姗姗。

姗姗是聪明的，她懂得在第三者面前恭维领导，从而在领导心目中树立了良好的形象。试想一下，如果姗姗不是在第三者面前恭维吴主任，而是当面恭维吴主任，吴主任听了那些话，很自然地认为姗姗是在拍马屁。他有可能不但不会对姗姗产生好感，还会讨厌姗姗的虚伪和巴结。由此可见，在背后说人好话更容易获得别人的好感。

具体而言，在恭维别人的时候，要注意什么问题呢？有什么技巧吗？下面就来详细介绍一下：

技巧1：在恭维的同时，表达关心与体贴

女人在恭维别人的同时，要善于发挥女性的天性——温柔、体贴、善良、细腻。这样的恭维如春风拂面，瞬间温暖人心，让人在不知不觉中沉醉。比如，你对上司说："经理，您把那事谈成了？怎么谈的？能教教我吗？我可要拜你为师啊！"再比如，你对别人说："老师，那本书我看了好几遍，写得真好。你当初在写的时候没少花功夫吧？以后写书可要注意休息啊！”这些充满敬仰的恭维和温馨的关切怎能不让人动心呢？

技巧2：在恭维的同时，恰当地表达崇拜

每个人都希望得到别人的崇拜，希望被别人尊敬、仰慕，这是人之常情。尤其是男人，他们希望得到女人的崇拜和敬仰，因此，在恭维男人的时候，你可以对他表达崇拜之情。这样会让男人激情澎湃，热血沸腾，对你心生好感。

技巧3：要在“奉承”的同时予以鼓励

在恭维别人的同时，适当地表示鼓励，能给人更多的自信与勇气。比如，当你男朋友或丈夫在事业上遇到困难时，你可以对他说：“亲爱的，没关系的，凭你的能力，一定可以战胜这个困难。”这对男人是一种肯定，也是一种鼓舞，能让男人充满信心地去迎接挑战。

技巧3：抓住别人身上容易被忽视的“闪光点”进行恭维

会恭维的女人总能在别人身上找到不太引人注意的“闪光点”，对此进行一番恭维，让人获得一种意外的惊喜。比如，有位女士长得非常漂亮，别人夸她最多的就是外貌。因此，你在恭维她的时候，最好不要赞美她的外貌。因为对于外貌她绝对有自信，但如果你恭维她苗条的身材、乌黑的秀发、浓浓的眉毛，而这恰恰是她以往没有注意的闪光点，那么她一定会非常惊喜。

## NO.7 ↘做个有幽默感的女人

美国一位心理学家说过：“幽默是一种最有趣、最有感染力、最具有普遍意义的传递艺术。”当你工作遇到困难时，幽默能给你带来良好的心态，让你在困境中获得力量；当你感情遇到挫折时，幽默能给你释怀，让你释放苦闷；当你身体不舒服时，幽默是最好的“开心药”，帮你消除紧张，使你感到轻松。

女人都希望和幽默的男人做朋友，其实，女人也应该学会幽默。因为幽默的语言能使社交气氛轻松、融洽，有利于交流，有助于你赢得更多的朋友。相信你有这样的体会，当你在疲劳的旅途中，当你在焦急的等待中时，一句幽默话，一个风趣的笑话，就能使你瞬间消除疲劳。

在公共汽车上，由于拥挤而争吵的事情屡见不鲜。虽然售票员喊破了嗓子叫大家“不要挤”，但仍无济于事。一次，公交车上有个女士嚷道：“别挤了，再挤我就变成相片啦。”听到这句话，车厢里爆发出一阵欢笑，顿时，大家脸上的紧张情绪马上消散了。可见，幽默是调节紧张的人际关系的润滑剂。

有幽默感的女人是有魅力的，因为幽默的口才能让人忍俊不禁，让人喜上眉梢，让人开怀大笑。试问，谁不希望和能带给自己欢快的人交往呢？有幽默感的女人是宽容大度的，如果你有幽默感，那么你的世界就会充满和谐，别人想和你吵架也吵不起来。

小美和小雪都是刚进公司的小姑娘。小雪性格比较沉稳，具有幽默感；小雪血气方刚，容易冲动。有一次，她们在工作中发生了摩擦。小雪怒气冲冲地对小美说：“不要再说了，有种我们去外面单挑。”

小美笑着说：“单挑可以，不过时间和地点以及武器我来定。”

小雪说：“好。”

小美说：“时间就是现在，地点就是办公室，武器就是空气。”

小雪一愣，然后笑了，顿时怒气全消了。

小美的幽默体现出一种大度，表现出一种不计较的心态。这种女人是迷人的，是讨人喜欢的。在职场上谁有幽默感，谁就能在事业上更胜一筹；谁有幽默感，谁就能在竞争中崭露头角。

有一家电视台招聘主持人，考官问一位年轻女孩："请问三纲五常中的'三纲'指什么？"这个女孩说："臣为君纲，子为父纲，妻为夫纲。"现场的招聘领导听了之后，忍不住笑了起来。因为她把"三纲"的关系颠倒了。

面对在场人员的哄笑，这个女孩显得很镇定，她幽默地说："我说的是新'三纲'，因为我国人民当家作主了，当然是'臣为君纲'；现在的孩子都是'小皇帝'，这不是'子为父纲'吗？在家庭中，女人的权利逐渐升级，'妻管严'、'模范丈夫'越来越流行，这不是'妻为夫纲'吗？"

这个女孩的幽默和机敏一下子赢得了招聘领导的认可，结果她顺利地获得了这个职位。

幽默的威力是惊人的，善用幽默的人是智慧的。但要注意的是，幽默一定要把握分寸，千万不要以挖苦和嘲笑别人为乐，也不要去模仿别人的动作和腔调来加以取笑。如果一味地滑稽、俏皮，你反而像个小丑，有损你的名声和形象。

幽默还要把握时机。当你发现一句幽默能令大家高兴时，你应该毫不犹豫地表现出来。但是当气氛不适合幽默时，就要守口如瓶了。而且幽默还要注意对象，对不同身份、地位、性格的人，要区别对待。一般来说，在熟人、朋友、家人之间可以开开玩笑，说些幽默风趣的话。即使偶尔玩笑过火，也无伤大雅。但是如果在上级、长辈、陌生人面前随便开玩笑，就会使你显得嬉皮、不正经，不利于你给别人留下好感。

另外，女人要善于运用自嘲来化解尴尬，融洽气氛。比如，当你说错话时，当你遇到尴尬时，如果你能借助自我解嘲，往往能取得不错的幽默效果。因为自嘲可以堵住别人的嘴巴，从而争取主动说话权，收到奇效。

比如，某著名女演员的身体较胖，而且皮肤较黑，她经常拿自己的体型开玩笑。有一次，有个朋友约她到海边游泳，她开玩笑道："我可不敢穿白色的泳衣，否则，美国空军见了我一定会大为紧张，以为发现了古巴。"通过自我解嘲，显示了这位女明星的可爱性格和豁达心胸。同时，又营造了轻松的气氛，巧妙地为自己解围。

## NO.8 ↘不会说"不"，永远都难成高手

周末你想在家休息，但是朋友打电话约你出去逛街；你想出门办事时，推销员不期而至，说什么"给您送礼来了"，软磨硬缠不肯离去；你本来手头紧张，但是朋友找你借钱……遇到这些情况时，你会不好意思拒绝别人，害怕别人不高兴吗？

对于老实女人来说，或许答案是肯定的，因为老实女人太过善良、太过心软，宁愿让自己委屈，也不好意思对别人说"不"。然而，勉强地答应别人之后，会给自己带来什么不利影响呢？你没时间休息，结果搞得身心疲惫；你不好意思拒绝推销员，结果耽误了办事；你把钱借给朋友了，自己却节衣缩食。

中国科学院心理研究所林春教授认为，在人际交往中，有相当一部分人不懂得拒绝别人，委曲求全成了一种习惯，他们过多地为别人着想，却忽视自己的利益。这种人看似很高尚，他们自己有时候也觉得自己很神圣，但是这样会给自己的正常生活带来不利影响。

另一方面，一味地答应别人的要求，你的内心自然会慢慢觉得

不平衡，进而产生自责和内疚心理，甚至有一种挫折感。为了避免这种情绪，你会慢慢缩小自己的交际圈。这对你也是不利的。所以，坚决不要做“仗义”的老实人，而要学会拒绝。

然而，拒绝不是简单地对别人说“不行”，拒绝需要智慧，拒绝是一门学问。在拒绝的时候，要注意场合和态度，要注意措辞和态度，这样才能保证既不得罪人，又不影响自己的正常生活和工作。如果女人不懂得正确拒绝，那么就很可能给自己的人际关系造成恶劣的影响。

刘女士是某公司的财务部主管，她一向性情温和，在单位很受人欢迎。一天，她向小昭催了三遍报表，但每次小昭都态度超好地说：“好的，好的，马上就交。”但是公司规定的期限都过了，小昭还没有交报表。

刘女士非常无奈，她找到小昭的同部门同事小琪：“小琪呀，小昭的报表还没交呢，你可以帮她填一下吗？你对填报表很熟悉，几分钟就能搞定的。”

不巧的是，那天小琪心情不好，她听到刘女士让她帮小昭填报表，冷冷地拒绝道：“你还是让小昭自己填吧！”

这时忍无可忍的刘女士终于爆发了，当着办公室那么多同事的面咆哮道：“你们怎么回事啊？一个报表催了10多天，怎么不配合一下啊？耽误你们发工资你们乐意吗？”

小琪觉得委屈，也恼怒地叫道：“你冲我发什么火啊？我的报表又不是没交，谁没交报表你找谁去啊！在这里瞎嚷嚷什么？”

小琪因为拒绝的方式不当得罪了刘女士，从这以后，刘女士和小琪老死不相往来。

小琪自认为自己很委屈，但说真的，她的拒绝方式真的不恰当。要知道，在办公室中，当着那么多同事的面，她那么冷漠地拒绝财务主管，让财务主管的面子往哪儿放呢？也许你可以说小琪那天心情不好，自然态度不好，但这不是理由。当然，财务主管当众发火也有些不理智，但这是后话。从这个故事中，我们可以发现：错误的拒绝非常容易得罪人。那么，正确的拒绝方式是怎样的呢？在拒绝别人的时候，需要注意哪些问题呢？

首先，在听到别人的请求时，不要听到一半觉得自己无法帮忙就拒绝，而要耐心地听别人说完，这是对别人最基本的尊重。其次，要为你的拒绝表达歉意，这是为对方着想的表现。同时，你要说出拒绝的理由，让对方理解你的难处。再次，拒绝的时候态度要温和，语气要委婉。尽管说“不”是你的权利，但仍需考虑别人的感受。当你做到了这样几点，别人在感情上就比较容易接受你的拒绝，从而避免了一些负面影响。

另外，拒绝的方法有很多种，下面大概介绍一下：

回避法：“今天咱们先不谈这个，还是说说别的吧！”

借力法：“要不你问问小黄，这件事我真的干不了。”

谢绝法：“对不起，谢谢，我觉得这样做可能不合适。”

严辞拒绝法：“这可不行，我已经想好了，你不用再说了。”

缓冲法：“我和家人商量一下吧，过几天再给你答复，好吗？”

婉拒法：“对不起，我还没有想好呢，你给我时间考虑一下吧！”

无言法：不说话，只是摇一摇头，露出无奈的表情，表明拒绝的态度。

补偿法：“真对不起，我真的爱莫能助，不过，我可以帮你做另一件事。”

幽默法：“啊，对不起，我今天有事要办，不能陪你逛街了，只能当逃兵了。”

自护法：“你也为我考虑一下吧，我怎么能做没把握的事情呢，你想让我出洋相啊？”

# 第八章

## Chapter 8

## 别傻了！有些男人是靠不住的
## ——做女人经济要独立

俗话说：“男怕入错行，女怕嫁错郎。”现代社会复杂多变，如果你以为嫁对了人就可以一辈子依靠男人，那么你就太单纯了；如果男人叫你别工作，在家照顾孩子和老人，你就乖乖听话，那么你就太老实了。要知道，女人是不能没有工作、不能没有钱的，否则就会失去独立的人格，就很可能失去男人的尊重。所以赶快醒醒吧，从现在开始努力成为有钱的女人。

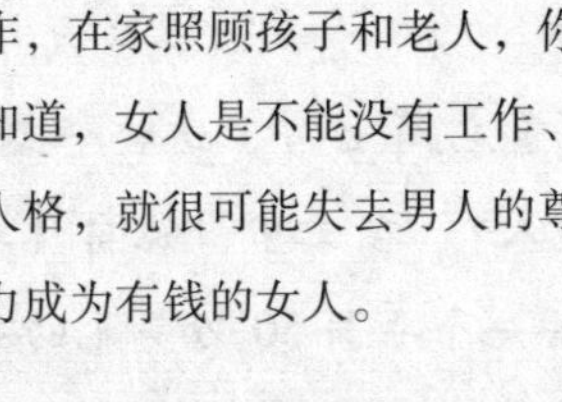

BEING A WOMAN SHOULD NOT BE
TOO HONEST

## NO.1 ↘嫁个有钱人，不如自己变有钱

在这个现实的社会，不少女人幻想嫁给一个有钱人，好让自己下半辈子衣食无忧，不用辛苦工作照样可以有花不完的钱。可是，女人们，你们是否想过这样的问题：你有什么资本赢得有钱男人的青睐呢？你有什么魅力让男人一辈子爱你，并心甘情愿为你掏腰包呢？当然，或许你将来会嫁给有钱人，但是在这之前，请放下你不切实际的幻想，踏实地工作，努力让自己变成有钱人，这比把希望寄托于男人更靠谱。

有位25岁的女孩曾在网上写了这样一篇文章，文章的题目是“我怎样才能嫁给有钱人？”在文中，她自称非常漂亮，谈吐文雅，生活有品位，她想嫁给一个年薪50万美元的男人。女孩说：“或许你会说我贪心，但是很多人年薪上百万美元，因此，我觉得这个要求并不高。”

女孩表示，她是诚心诚意来请教各位网友的，问题如下：

第一个问题：有钱的单身男人一般在哪里消磨时光？请把酒吧、饭店、健身房等名字和详细地址告诉我。

第二个问题：我应该把目标定在哪个年龄阶段的男人？

第三个问题：有些富豪的妻子相貌平平，毫无吸引人的地方，但她们是怎么嫁入豪门的呢？为什么单身酒吧里的那些美女却无法嫁入豪门？

第四个问题：你们是怎么判断什么样的女孩适合做妻子，什么样的

女孩只适合做女朋友？我现在的目标是想结婚，请问你们会选中我吗？

与幻想一夜暴富、一夜成名的人一样，如今幻想嫁入豪门的女人并不少。她们或许天生丽质，或许气质迷人，或许谈吐高雅，但是有了这些特质就能吸引有钱人吗？答案是，不一定。如果真的把有钱男人吸引住了，女人们难道不担心男人只是和你“玩玩”吗？试问，这样的男人靠得住吗？所以，还是醒醒吧，不要把自己后半生的幸福寄托在男人身上，否则你就太傻了。

对于上面那位女孩的网络求助，网友是怎么回答的呢？其中有位网友给出了非常犀利的答复，相信你看完之后，一定会有深刻的感触。下面就是这位网友的回帖：

“亲爱的女士，我带着极大的兴趣看完了你的帖子，我相信很多女士和你有类似的疑问。我是一个投资专家，让我以投资专家的身份来分析你的处境。目前我的年薪50万美元，我符合你的择偶标准，所以，我不是在浪费大家的时间。”

“如果我把婚姻比作一笔生意——请不要生气，结婚就是一笔生意，是一个大的经营决策。如果我娶你这样的女人，那将是非常糟糕的。为什么呢？抛开细枝末节，娶你就等于是在用我的钱财和你的美貌做交易：你提供迷人的外表给我，我出钱养你。公平交易，童叟无欺。但是，你的美貌会随时间消逝，而我的钱财不会无缘无故减少，事实上，我的年薪每年都会增加。”

“因此，从经济学角度来看，我是增值资产，而你是贬值资产。在未来的五年里，你还可以保持窈窕的身材，动人的容貌，但以后呢？你的身材和美貌每年都会退步。你就像一只股票，不能长期持有，因为它未来会贬值。这听起来很残忍吧，所以，明智的人会选择租赁，而不是购入。要知道，年薪超过50万美元的人可不是傻瓜，他们只会跟你交往，但是不会跟你结婚，所以，我劝你不要幻想嫁给有钱人，也不要刻意寻找有钱人。相反，我建议你想办法把自己变成有钱人，这比嫁给有钱男人胜算大得多。”

从这位网友的分析中，你是否发现：原来嫁给有钱人并不是容易的事情，事实上，在我们生活中，又有几个女人能钓到金龟婿呢？真的很少很少，可是，女人不能没有钱，没有钱的女孩就像莫泊桑小说《项链》中的女主人公玛蒂尔德，连一件像样的衣服都买不起，更没有像样的珠宝首饰，连参加一个舞会都要厚着脸皮去借项链，以至后来酿成了那样的悲剧。试问，你希望过这样的日子吗？

退一步讲，纵然你运气好，嫁给了有钱的男人，但你自己没有钱，没有事业，没有工作，你好意思每次都向男人要钱买这买那吗？可能你会说：“这有什么啊？女人本来就应该被男人宠、被男人养，向男人要钱是天经地义的事情。”或许不少女人都有这样的观念，但是这种观念注定会造成婚姻生活的不幸。

孔老夫子曾经说过：“君子爱财，取之有道；君子爱财，更应治之有道。”这句话适用于君子，更适用于女人。女人渴望成为有钱人，不外乎嫁给有钱人，或者自己成为有钱人。但聪明的你，还是趁着年轻，趁着这大好的时光去奋斗吧，努力把自己变成有钱人。这才是你一辈子幸福的物质保障。

## NO.2 ↘女人经济不独立，必受他人牵制

很多女人一旦陷入爱河，进入婚姻，就认为自己找到了终生的幸福。于是，在交出感情的同时，也主动放弃了经济独立的机

会——放弃工作，赋闲在家洗衣做饭，或者照顾老人和孩子。当然，做家庭主妇是一种幸福，但万一哪天落得个形单影只，那女人遭遇的不仅仅是情感上的失落，说不定经济上的保障都没有了。

有一个女孩，大学毕业之后，仗着父亲有钱，不好好找工作，反正她觉得自己这辈子不愁没钱花。可是后来她父亲的公司破产了，还欠了一屁股债，为此父亲还得了一场大病。她家彻底失去了经济支柱，生活水平直线下降，为了维持生计，她退休的母亲不得不重新走上工作岗位。

有个女孩恋爱后不久，就和男朋友同居了，后来男朋友劝她不要上班，在家洗衣做饭照顾他就行。她老实地照做，还以为自己真的成了衣食无忧的小公主。可是一年后，男朋友和她分手了，结果她身无分文，不得不找朋友借钱度日。

有位女士结婚之后，在家做全职太太。后来，由于感情出了问题，两人离婚了。离婚后，她度日艰难，经常为付不起水电煤气费而发愁。原来，在10年的婚姻生活中，她一点积蓄都没有。

这三位女性几乎都是在一夜之间失去了可以依靠的男人，也失去了一切。由此可见，女人经济不独立有多么可怕。虽然经济上的独立不是女人生活的全部，但不可否认的是，拥有独立的经济是女性自我保障、获得安全感的重要物质前提。

在现实生活中，我们不否认男女之间的真爱。尤其是男女结婚之后，男人会倾尽所能地赚钱养家，照顾深爱的女人。可是，作为妻子，女人不应该只满足于在家务事中奉献青春年华，而应该拥有一份工作，在工作中提升自己各方面的能力，这样才有资本去满足丈夫更高层次的需求。否则，女人是很难有独立的人格和自尊的，甚至可能连丈夫都不尊重自己，不把自己放在眼里。

葛女士结婚之后，生了个儿子，由于婆婆和妈妈不在身边，因此，她干脆放弃工作，在家照顾孩子，照顾家里。在家带孩子并不比上班工作轻松，这其中的辛苦葛女士可以忍受，最要命的是丈夫对她的态度也发生了变化，看到家里有一点做得不好，他就用责怪的口吻说："真不知道你整天在家干什么，地板那么脏也不知道拖干净。"如果葛女士对丈夫说："你不知道带孩子有多累啊，我哪有时间拖地?"丈夫就会说："为什么别的女人都不叫苦，都能把家里打理得干干净净，你就不能呢?"

平时葛女士早上睡一会儿懒觉，丈夫就会板着脸教训道："都几点了，怎么还不起床做早饭，难道还要我给你做好早饭再去上班吗?"从丈夫的语气中，葛女士丝毫感受不到丈夫对自己的尊重和疼爱，她觉得自己在家里一点地位都没有。在丈夫面前，甚至有点抬不起头来，想买件漂亮的衣服都没钱，还要放下尊严、厚着脸皮向丈夫"乞讨"，她觉得一点都不幸福。

虽然我们不能说所有的全职太太、经济不独立的女人在家里没地位，生活得不幸福，但是我们确实发现，很多没有收入的女人，在家确实不太受丈夫的尊重，得不到婆婆的体谅。

为什么古代女子不受男人的尊重？在很大程度上，是因为女人在经济上依附于男人。而现代社会何尝不是这样呢？挣不到钱的男人，会被女人看不起，会被女人说成"窝囊废"、"没有用"，那么，挣不到钱的女人在男人心中又是什么印象呢？换位思考一下，你就能想明白。只不过男人好面子，不会说女人是自己的负担和拖累罢了。

有句话说得好："男人挣钱是责任，女人挣钱是尊严。"一个女人只有在经济上独立了，才能获得心理上的安宁，才能获得丈夫的尊重，才能在亲戚朋友间抬得起头来。有了足够的经济能力，女人的生命才会有活力，才不会成为家庭的负担和拖累。哪怕女人赚得很少，那也是值得尊敬的。

著名节目主持人鞠萍曾说过："女人一定要有自己的事业，千万别失去独立性。"一个善于运用自己的聪明才智，发挥自身特长并孜孜不倦对待工作的女人，比起那些依赖丈夫的女人更能让男人着迷。女人要经济独立，不只是为了追求享乐，为了拥有名牌包包，而是要找回自己，不受男人牵制。因为女人首先属于自己，然后才属于一个男人，属于一个家庭，这样的女人才是智慧的女人。

## NO.3 ↘有财力的女人才能活出优雅

拥有再多的金钱死了也不会带走，可是，为什么人还想要更多的钱呢？因为金钱不仅能让人获得物质享受，还能让人获得精神上的满足，让人活得更有尊严。所谓尊严，指的是在社会中得到他人的尊重，被周围的人看得起。

要知道，人性的弱点是嫌贫爱富的。当你穿着破旧的衣服去逛高级服装店时，恐怕你得到的除了白眼还是白眼。相反，如果你穿着一身优雅得体的套装，挎着名牌皮包，或许你只需在服务员面前稍微停留一下，就会得到服务员的笑脸相迎和热情接待。所以，对女人而言，要想活得优雅，就必须有财力。

一位法学院的女大学生在北京某个检察院实习期间，与一位检察官产生了一段恋情。后来因为工作原因，两人分手了，但是彼此仍然断断续续地保持着联系。女大学生在上海一家律师事务所工作，过了一段时间之后，她已经在行业内小有名气了，有车有房，生活无忧。

可是，这位女子一直没有忘记那位检察官。一天，她终于忍不住打电话给那个检察官，恰巧那位检察官在上海开会，于是她迫不及待地去了检察官下榻的宾馆。

赴约之前，该女子为了保持当年的学生摸样，特意穿了一身陈旧的服装，把自己打扮得像个下岗女工。当她怀着兴奋的心情来到宾馆时，那位检察官见她那身打扮，以为她的经济条件不太好，就问："你现在做什么工作?"女子说："我失业了。"

检察官害怕了，以为女子是找他来要钱的，于是对她说："我这次出差没有带多余的钱，恐怕要让你失望了。"女子听了他的话之后，非常生气和失望，原来他把自己看成了出卖肉体的女人。她愤怒地忘记了自己的伪装，出门直奔自己的小轿车，这时检察官才意识到自己"有眼无珠"。

这个故事真实地反映了这个现实的社会，它告诉了我们一个道理：钱对女人来说真的很重要，一个女人没有钱，即便是关系亲密的恋人，也不会把你当回事，不会真正尊重你。

钱对一个女人来说，意味着很多。有了钱，女人才可以体面、有尊严地生活。女人有钱，才不会为了生计而走上歧路，才不会害怕男朋友抛弃自己，才不会自己看不起自己，才不会害怕低人一等。当然，这个财富应该是自己奋斗得来的。

当你有了钱之后，你才不会局限于那些习以为常的娱乐休闲项目，你可以选择游山玩水，选择自驾旅游，选择户外探险；你还可以玩玩网球、壁球、高尔夫；你还可以去蹦迪、跳伞、漂流；你还可以参加舞会，观看演唱会，欣赏音乐会等等，总之，你可以做你想做的事情，尽情地秀出你自己的个性。

当你有了钱之后，你休闲的时间自然会多起来，你不必整天想着请假一天要扣多少钱，也不用担心水电煤气费是不是超支了，也不用担心哪天不上班生计会出问题。你可以完全自由地选择出行的时间。就像下面这位女客户一样：

一位会计与一个女客户约好一周后为她清理公司账务，但是因为女客户前一周去马尔代夫度假了，因此，女客户只好把时间往后推一周。可是，当会计第二周去去找女客户时，女客户仍然没有回来，直到三周后才回来。会计问："你怎么去了那么久？"女客户说："我在马尔代夫度假，那里天气太好了，我就多待了两周。"

你羡慕这位女客户吗？她想多待两周就可以多待两周。也许你会进而想到自己：我的工作不容许在外多待两周，我外出度假还要请假，还会扣工资，我的时间被老板买去了。其实，大部分职业女性和你一样，大家都难以随心所欲地支配自己的时间，这是因为我们不是有钱人，我们还没有雄厚的财力支持我们享受自由与独立。没钱不要紧，重要的是认清这个问题，从现在开始去努力。

当然，女人要有财力才能获得优雅，并不是要你成为李嘉诚、比尔·盖茨，也不是非要你自己创业，拥有一份雄厚的事业，而是说你要有自己的一份工作，而且是自己喜欢的工作。这不仅仅是将其当做一项谋生的途径，更是把它当成一份事业，在这份工作中你获得的不仅是金钱，还有实现人生价值的满足感。当你需要什么时，结合自己的经济能力去买吧，那时候你就能体会到生活赋予你的意义了。

## NO.4 ↘通往财务自由的第一步——对钱负责任

每个女孩都希望成为有钱人，要想成为有钱人其实不难，第一步就是对钱负责。怎样才算对钱负责呢？用一句话总结，就是：该花的钱有计划地花，不该花的钱坚决不花。话虽如此，但是做起来并不容易。

现在很多女孩初入职场，告别了吃父母、喝父母的年龄，开始自给自足。因此，花钱的时候也显得更加有底气。然而，虽然花钱很洒脱、很享受，但是只顾着做月光族，没有长远的眼光，对生活没有规划是不行的。这样永远无法成为有钱人。

如果你想成为有钱人，除了会赚钱之外，还必须会理财。一个会赚钱却不会理财的人，永远不会成为有钱人。因为赚多少花多少，钱就在自己手中溜一趟，最后还是两手空空。当你需要用大钱的时候，你却拿不出钱来，这样你也难活得潇洒。无数富有之人的成功经历告诉我们，要想积累财富，提升生活的品质，就必须学会对钱负责。

有个女孩小时候吃惯了“皇粮”，不管什么时候，似乎没有缺过钱花，日子过得很滋润。结婚之后，她那大手大脚花钱的习惯依然没有任何收敛，是典型的月光族。碰到多日不见的朋友，她往往宁可自己下个月饿着，也不会亏待朋友。

逛街的时候，看到那些琳琅满目的服装，她总是毫不犹豫地买下。每次购物回来，她总是双手提满衣服。有些衣服买回来之后，她只穿过一两次就搁在衣柜里了。丈夫曾不止一次提醒过她：“不要乱买衣服了，要适度一点，尽量存一些钱吧！”

每次她都会义正严辞地反驳：“我又没花你一分钱，你管不着，再说了，你一个大男人，存钱是你的事情，我花自己赚的钱就行了。”因为这个问题，丈夫没少和她拌嘴，但她从来都是不以为然……

处于风华正茂的好年龄，女人总免不了追求漂亮的衣服、鞋子、包包以及各种各样的首饰，女人爱美，无可厚非；女人花自己的钱，值得尊重。但是，成家的女人作为家庭的一分子，有必要对金钱负责，理智地花钱。

举个例子，如果你的化妆品还没用完，就别急着买新的；如果你的手机还没旧到拿不出手，就别跟风换新款手机，不妨把钱省下来用于理财投资，让它生出更多的钱，等到关键时刻再用，这样岂不是更好吗？

女人要想财务自由，就要学会对钱负责，可以从以下三个方面来改变你的消费观念：

第一，要有预算的观念。

很多女人碰到超市搞促销、碰到网店搞活动，就疯狂地购物。花了多少钱自己心里没底，等到买了之后才发现口袋空了，才懊悔钱太不经花，但是并没有反思自己的消费行为。比如，有个女孩趁着“双十一”（11 月 11 日）这个特殊节日网店搞活动，居然一口气买了 2 万元的商品，气得丈夫要和她离婚。这种盲目消费的行为就是缺乏预算观念的表现。

一个没有预算观念的女人虽然可能买到很多意外的战利品，但是每个月的支出账单上都可能有意想不到的天文数字。而懂得预算的女孩则是有计划地花钱，有节制地花钱，比如，每个月给自己一笔具体的钱用于购买服装，保证不超支，这样才能有效地掌控自己的财务。

第二，追查每一笔支出的来龙去脉。

有个女士说，她以前经常半夜查账。有时候，为了一笔500块钱的账，她会花半个小时来核查它的来龙去脉。如果这500块钱的支出在支出项上，她就能很清楚地知道钱花到哪里去了。可见，追查每一笔支出的来龙去脉，对掌控财务非常重要。

怎样追查每一笔开支的来龙去脉呢？最好的办法就是做好存折管理，因为大部分人都把钱存在银行，存折上会记载资金的进出。聪明的女人每个星期可以刷一次存折，或在网上银行查看金钱进出的状况，只要5分钟，你就能了解自己每笔钱的来往状况，进而提醒自己开源节流。

第三，养成记账的习惯。

对金钱负责的最好办法是养成记账的习惯，把日常生活中的每笔开销都记在账本上。账本上清楚明白地写着“做什么事，花了多少钱，花钱的日期”，为了方便阅读，你可以画出简单的表格，每个星期检查这个账本，反思自己的消费行为中是否有盲目冲动、不合理的消费。然后在接下来的日子里消费时就会注意，从而节省开支。

## NO.5 ↘聪明地消费，拒做“buy金女”

春暖花开、风和日丽的天气里，女人最爱约上几个朋友逛街，她们走进商场，走进小街，不放过任何一个小店。女人似乎天生就是这样一种动物，没事干的时候就想逛街，想购物，而且经常能在一家店里停留半天，当导购或同伴说“你穿这件衣服真漂亮，这件衣服好像就是为你量身打造的”时，女人就彻底失去了抵抗力，迫不及待地试穿衣服……

逛街回来之后，女人才猛然发现：原来自己并不喜欢这件衣服，因为上周买的衣服还在衣橱里没穿呢！而且刚买的这件颜色，自己不是很喜欢，领口处的褶皱过多，怎么看都不顺眼，此时才心生悔意。

其实，你可以聪明地消费，在决定消费时，首先要考虑自己到底是否需要，买自己需要的东西，这才是明智的选择。很多女人看见好看的东西就买，但买回来之后，这个东西可能自己并不需要，或者说需要程度不高。比如，有的女人见到漂亮的裙子就买回家，可是家里已经有很多裙子了，有些裙子还没穿过；有些女人到景点游玩，见到小玩意儿就买，买回来之后发现对自己并没有多大的用处。这样的花销完全可以省下来，为什么偏要花掉呢？

可是，很多女人并没有察觉到自己的消费无度。那么，到底怎样才能判断自己是不是“buy 金女”呢？你可以从以下几点来审视自己：

（1）你的衣橱里有超过 5 件以上没有穿过或仅穿过一两次的新衣服吗？

（2）你的心情变化很快，每次花钱之后，你的心情会低落吗？

（3）当你走进商场，准备购物时，你的内心会异常兴奋吗？

（4）你把别人的婚礼或某个活动当成购物的借口，而不是着重分享别人的幸福和快乐吗？

（5）你每个月的收入都花完了，几乎分文不剩，甚至债台高筑吗？

如果你的消费行为符合以上几种情况，那么你就有必要提醒自己理智消费了。如果你继续“buy 金”下去，你就会离有钱人越来越远，相反，你的生活会变得非常狼狈。就像下面这个女人一样。

有个女人年薪近百万，但是三年下来，她不但没有任何积蓄，相反却欠了200多万的信用卡债务。她从事的是出口贸易工作，每个月收入8万多元，有时接到一个大单，奖金就有几万块。她觉得赚钱很容易，但上班压力很大，因此，下班之后她就会尽情地购物以犒劳自己，她会买名牌包包、套装及首饰，每次购物就会花掉几万块。但又没有记账，因此，每个月赚8万却花十几万。结果，三年下来，她居然欠债200多万。

男朋友接受不了她大手大脚的消费习惯，觉得跟她在一起未来没有希望，于是提出了分手。31岁的她为了还清欠款，不敢随便换工作，每天上班小心翼翼，生怕表现不好被公司裁掉……

女人在心爱的东西面前往往智商为零，分不清东南西北，也忘了自己的经济承受力，经常花不该花的钱，买不该买的东西。这实在不是什么聪明的举动，说白了简直就是头脑发热。一个女人的幸福与她赚钱的能力固然有很大关系，但与她花钱的习惯也有很大的关系。女人会赚钱还要会花钱，要学会少花钱，买好货，以尽量少的钱为自己谋最大的福，这才叫聪明消费。

女人喜欢漂亮的衣服、鞋子、包包等无可厚非，但这不是盲目消费、疯狂购物的理由，不能为了衣服、为了满足自己的虚荣心而将自己的生活费全部搭进去，更不能把孩子的奶粉钱变成自己的化妆品。所以，女人在花钱之前，一定要问自己：这件商品我真的需要吗？这样的价格我真的承受得起吗？买了这件商品之后，我还有足够的钱用于其他用途吗？

事实上，聪明的女人虽然也爱花钱，但是她们花钱有智慧，懂得精打细算，尽可能节省一点。比如，几个姐妹看电影，购票时发现影院规定20人以上的可按团体票优惠，于是她再等一会儿，凑齐20人之后，然后大家一起去买票，这样就省下了一笔钱。类似聪明的消费，在现实生活中还有很多，你完全可以去挖掘出更多“聪明的消费法”。

## NO.6 ↘让信用卡成为“可持续幸福”的来源

相信很多女人都知道知名歌星黄品源，此人当年凭借一首《你怎么舍得我难过》红遍大江南北。但是后来因为唱片市场萎靡，他没有出片的机会，也没有了收入来源。在两年的时间内，他靠着刷卡度日，贷款近 20 多万新元，相当于 100 多万人民币。

后来，黄品源回忆起这段日子时，说了这样一段话：“我不是花很多钱买名牌或是大鱼大肉的人，只是要供楼及应付家庭的开销。但我真的是两年没工作，一个艺人完全没有工作是很可怕的，那段日子我想过退出，现在总算熬过去了。”

黄品源刷的是信用卡。近年来，信用卡像雨后春笋般涌现，很多人的口袋中、钱包中都有信用卡，这其中有很大一部分女人有信用卡，有些女人甚至有多张信用卡。信用卡的最大好处就是便利性，可以缓解持卡人手头紧张的窘境，持卡人无须带太多现金，就可以轻松进行消费。

众所周知，女人是消费需求最旺盛的群体，信用卡的出现，无疑对女人消费起到了推波助澜的作用。再加上发卡机关的炒作，很多银行都开设了刷卡积分兑奖活动，这无疑又刺激了女人刷卡消费，使女人陷入信用卡购物的疯狂噩梦中难以自拔。所以，如果你不清醒地认识信用卡的利弊，不理智地对待刷卡消费行为，那么你的幸福生活将被埋葬。

那怎样才算合理使用信用卡呢？下面几点值得你注意：

第一，卡不在多，一张足已。

现在申请信用卡的条件越来越开放，要求也越来越低，很多女人的钱包里有一大堆信用卡。但是，信用卡并不是越多越好，如果一张信用卡就能满足你的消费需求，何必要那么多张呢？而且卡多了还会给你造成一种错觉：每张卡都可以刷，貌似自己很有钱，这样就很容易助长你的消费欲望。

还有一点非常重要，因为每一笔信用卡消费，都有还款的期限。你的信用卡太多，你的消费太多，你能否在规定的还款期内及时还钱呢？这是一个大问题，所以，不要满足于一时的消费欲望，等到要还钱时你却没钱，这样你就会变成一个“卡奴”，被信用卡牵着鼻子走，每天要绞尽脑汁还钱。

因此，要想避免成为卡奴，要想避免被信用卡卡住生活，就必须减少没必要的信用卡，这样可以减少你胡乱消费的概率，也可以提高你理财记账的效率，使你集中管理每笔支出，这是有效理财的第一步。

第二，刷卡消费，量入为出。

刷卡消费要结合自己的实际情况，要根据你的收入情况来确定。比如，你的月收入是4000，日常生活开支1500元，固定存下1000元，还剩1500元可供自由支配。在这种情况下，你每个月的刷卡最高额度应控制在1500元，不得超过1500元，否则你还款就有压力了。在1500元之内，你可以随便刷卡，只要在规定的还款日之内把钱还了就行。总之，刷卡的原则是量入为出，不能盲目乱刷。

第三，保留刷卡签单。

刷卡很潇洒，但刷卡之后别忘了保留那张签单，而且每个月记得核对当月的账单。这样有两个好处，一是你可以知道每个月的刷卡消费情况，二是账单上每一笔让你“心痛”的消费都能提醒你理性消费。

第四，任何情况下都不要取现。

记住，从信用卡上取现是要付手续费的，即便你把取出来的钱再存到信用卡上，也需要收费。要知道，信用卡不是存折，提现对你没有好处。每次提现都会支付手续费，你可千万不要在乎那点手续费，积少成多，就是一笔很大的开支。而且你可以把手续费和提现金额对照一下，你就会发现这个手续费的比率很高，保证你会“心痛”。

第五，到还款日才还款。

信用卡是银行无偿借钱给你花一段时间，你在规定的期限内还钱就行。因此，这是一个非常好的工具，不用白不用。不过，使用信用卡时，一定要到最后的还款日再还钱，因为你的钱在自己的账户里是有利息的，早给银行一天，你就少一天的利息。不要小看这些利息，要知道我们都是小老百姓，锱铢必较是有必要的。

另外，如果还款日那天，你有事无法及时还款，你可以拨打银行的信用卡客服热线，把你无法还款的原因说明一下，要求延缓一两天，一般来说都是可以的。但是要诚实，说好延缓一两天，一定要在一两天内还钱。因为信用卡就是“诚信”的，你诚实才有资格使用它。

第六，重视积分兑奖活动。

信用卡越来越多，银行之间的竞争越来越激烈。办卡时一般都有小礼物，有的礼物还相当不错。另外，每使用信用卡消费一次，都会获得一些积分，这些积分累积起来，可以参与银行定期或不定期举办的兑奖活动、折扣活动。这些你可以打听清楚，不要错过这些活动，虽然没什么大不了的，但积累起来也可以为你省下不少钱。

## NO.7 ↘聪明女人会投资——钱生钱才能赚大钱

女孩都想当有钱人，可是你想过：有钱人在富有之前是怎样对待金钱的吗？会赚钱的人绝对不会把钱放在家里，因为那样的话，100元钱，永远是100元，而且随着通货膨胀的加剧，100元钱放在那里还会贬值。所以，把钱放在家里是愚蠢的。那么，怎样才能让钱生钱呢？

所谓以钱生钱，以利滚利，其实就是我们常说的理财投资。理财投资是一种能力，每个女人都应该去了解和学会运用。俗话说“你不理财，财不理你”，人与财是要互动的。女孩要想变成有钱人，就应该掌握与财互动的本领，学好投资理财这门课，如此你的“富人梦”才有可能成真。

说到这里，有些女人可能要翻白眼了，说：“我这么穷，一个月才赚一千多块，就算省吃俭用，也要花掉900，我怎么理财啊？”其实，理财的关键不在于钱多钱少，不是说你有几百万了才可以理财，你只有几百块却无法理财。这完全是个误解，相反，你钱越少就越要理财。

一般来说，刚步入职场的女性收入有限，你可以计划每月存下几百块钱，利用银行零存整取、综合存款等存款方式，先把小钱攒成“大钱”，再利用这笔钱去投资。如果你不想承担投资的风险，只想稳稳地赚钱，那就把钱放在银行存定期吧。这种理财方式的风险最小，收益也不高，但是只要你坚持，时间久了那也是一笔可观的财富。

当然，理财投资的方式有很多，女孩如果不想仅满足于把钱存入银行，那么就看看下面几种理财投资方式吧。

方式1：银行储蓄

银行储蓄是最安全可靠、最灵活方便的理财投资方式，除了定期储蓄和活期储蓄，银行还推出了不少衍生产品，比如，通知存款、约定转存等，这些都是不错的储蓄理财产品。只要你的方法得当，储蓄也可以让你的钱生钱。

打个比方，你存3万元，可以把1万元存1年定期，把1万元存两年定期，把1万元存3年定期。一年之后，用到期的1万元再开设一个为期3年的定期存单；再过一年，把那个2万元的到期存款开设为3年的定期存单，以此类推下去。3年之后，你就有三张到期日相差一年的3年的定期存单。这种储蓄方式既能应对储蓄利率的调整，又可以获得更高的3年定期存款利息。如果遇到突发事件需要用钱，可以取出一份定期存款，这样不至于损失太多的利息。

方式2：购买基金

有人说，基金是最稳定的投资方式。很多基金公司与银行开展合作，你去银行就可以开通基金账户，每个月存入约定的金额到银行账户，这笔资金会在存入当天自动转换成一定的基金份额。这种基金申购一般每月最低投资金额100元到1000元不等，不设最高金额上限，因此，对于初入职场的女性或余钱不多的女人来说，可以考虑每月节省几百块钱购买小额申购。如果基金市场状况良好，那么一年累计下来，你将获得一笔不小的收益。

方式3：购买万能险

万能险是介于分红险与投连险之间的一种投资型寿险。这种投资方式的价值计算有一个最低的保证利率，目前的保底收益在2.5%左右。除保本收益外，万能险每个月还能获得结算利率。目前的结算利率普遍比一年的定期存款利率高，有的甚至超过5年期存款利率。

方式4：购买国债

投资国债被认为是最安全的投资工具。我国的国债分为凭证式国债、记账式国债和电子储蓄国债。其中，第一种国债和第三种国债不能上市流通，没有信用风险和价格波动的风险，其利率也比同期储蓄存款利率高。另外，国债免缴利息税，而银行存款要缴纳5%的利息税。而记账式国债是上市交易的，可以随时买卖，收益相对较高，但是保本功能随之下降，有一定的风险。

方式5：投资股票

股票是风险最大的一种投资方式，但它的收益也是最高的，正所谓“收益与风险成正比”。投资股票考验的不但是一个人的智慧、运用信息的能力，更是对一个人心理素质的考验，其中的深奥哲学不是三言两语能讲清楚的，但奉劝女人一句：投资股票要保持平常心，不要抱着“一定要赚钱”的想法投资股票。

总而言之，女人在选择这些理财投资方式时，一定要认清自己，要以自己的需求为出发点，不要盲目听信别人。要知道，每个人的经济能力及风险承担能力都是不同的，因此对应的投资策略也不相同，但只要掌握了基本的投资规律和法则，选择适合自己的投资方式，你就能稳稳地赚钱。

## NO.8 ↘准备好三大资产，就能一辈子不缺钱

人们常说：“身体健康，平安幸福，就是自己最大的福气。”但事实上，在身体健康的前提下，摆在我们眼前的，还有五花八门的花销，还有子女昂贵的教育费用、房贷、车贷，还有每天的开销，

这些足以让我们感到压力重重。那么，怎样才能保证一辈子不缺钱花呢？为此，我们需要做哪些准备呢？

著名理财规划师刘彦斌曾说过，人这一辈子要准备好三大资产，才能保证一辈子不缺钱，这三大资产包括保障资产、退休资产、投资资产。

保障资产是指我们努力工作换来的固定收入，从这笔收入中拿出一部分预防不幸事件降临到自己的头上，比如，家人或自己得了重病，或遭遇意外事故等。要知道，这类事件必然会造成大额支出，如果没有这笔保障金，要想东山再起，就非常难了。这笔保障资金也就是人们常说的保险，当负面事件发生时，保险可以带我们走出困境。趁年轻、身体健康时，把收入的5%－8%作为保障资产，可以较好地应付突发情况。

有了保障资产后，女人还必须考虑退休资产。因为就算你有养老金，你也不能完全指望它，你必须通过追加养老金或储蓄来筹集退休资金。退休金是很重要的资产，不能把它与别的资金混在一起，更重要的是，你要从现在开始，准备退休资产。一般来说，要把月收入的15%作为退休资产。

第三大资产是投资资产，这笔资产包括一家人住的房子、子女的教育费用、结婚费用、剩余资金等。很多人认为自己的全部资产都是投资资产，但实际上，投资资产指的是那些没有债务关系的可动用资产。如果你的房子是向银行贷款买的，你每个月还要还房贷，那么你的房子就不能成为投资资产。

只要准备好这三大资产，这一辈子就不会遇到经济上的难题。如果发生意外或得了大病，保障资产可以保护你的家人；如果退休后失去了固定收入，退休资产和投资资产就能保护你本人。

为了获得这三大资产，女人有必要从以下三个方面来努力：

第一，做好本职，蓄势待发。

每个女人都要认清自己，既不可高估自己，也不能贬低自己。

要对自己的优势和特长进行合理的分析评估，找到与自己特长相关的工作，在本职工作中提升自己、锤炼自己，让自己有能力随时迎接可能降临的发财机会。要相信，只要你用心工作，总有一天，你会在自己的工作上获得成就。

现在很多女人“高不成、低不就”，“吃着碗里，看着锅里”，频繁地换工作，忙忙碌碌，到头来却一事无成，一辈子不会与富有沾边。这种情况每个女人都要避免。

第二，盘活资源，合理分流。

每个女人都知道只有让钱生钱，才能快速走上发财致富的道路。可是作为工薪一族，女人手里的钞票毕竟是有限的，如何才能让钱生钱呢？有些人把多年的积蓄投入到股市，想着在股市大捞一把。可是股市的变化太快，还没等她们回味过来，她们的资金就少了一大半。

其实，投资股市并没有什么错，错的是把所有的鸡蛋放进了一个篮子，错的是有一颗渴望暴富的心，错的是发财致富太急于求成。正确的做法应该是，合理地支配手中的投资资金，在安排好家庭保险、孩子教育经费、意外资金之后，把剩下的资金用于投资。这样才能从容面对投资风险。当你赚了时，不会贪念更多；当你赔了时，你可以耐心等待股市回暖。相信在你的从长计议下，你的“钱途”会一片光明。

第三，利用强项，创造财富。

每个人都有自己擅长的地方，女人要对自己的学识、爱好、优势等进行认真地分析，然后制订出淘金计划。如果只是盲目跟风，那么十之八九会失败，甚至可能血本无归。从自己身上挖掘宝藏才是最靠谱的。

小楠是一家杂志社的美术编辑，主要负责杂志的封面设计、内文的排版等工作。一次，一位朋友创办工作室，请她帮忙设计几张宣传单。当她设计完之后，朋友给了她500元的酬金。当时她灵机一动，马上想到利用自己的专业能力赚点外快。

从那以后，小楠开始联络以前的同学，让他们帮忙介绍相关的设计工作。由于她的很多大学同学都是干这行的，也了解小楠的水平，因此，大家就把平时做不完的活或做不好的活给她做。一张彩色的平面设计图样大约400元左右，小楠只要两个晚上就能搞定。

那年国庆节前期，有个当公务员的同学请小楠为单位做了一本100多页的画册。小楠花了一个月的时间，赚到了8000元。就这样，小楠在空余时间利用兼职赚了不少钱。

每个人都有自己的一个储钱罐——钱猪，里面存储着你某方面的经验或才能，只要你充分利用这个钱罐里的强项，努力把它做大做强，你就可以和财神爷拥抱。当你和财神爷拥抱之后，你就可以充分准备好三大资产，让你的一生不缺钱。

## NO.9 ↘一生都富足——多金又自由的秘密

每个女人都希望一辈子有钱又有闲，想花钱的时候有钱花，想旅游的时候可以去旅游，想在家休息就可以休息。想法固然很好，可是怎么实现呢？要想成为有钱又有闲的富足美少女，你首先要具备什么呢？

法国有一位年轻的传媒大亨名叫巴拉昂，他以前是推销装饰肖像书的，在不到10年的时间里，迅速跻身于法国50大富翁之列。

1998年，巴拉昂因病去世，临终前他留下遗嘱。在遗嘱中，他把大部分的资产都捐给了医院做研究。

在他的遗嘱中，有一封信，信中有一个问题，谁能回答出这个问题，就可以得到100万法郎的奖金。信的内容是这样的："我曾经是一个穷人，但是在我去世时，我是以一个富人的身份走进天堂的。在我跨入天堂的大门之前，我不想把我的致富秘诀带走。我有一个私人保险箱，我的致富秘诀就在这个保险箱里。如果谁能告诉我'穷人最缺少什么'，那么他将得到我的祝贺，当然，我不可能从坟墓中走出来给他鼓掌，我给他的掌声和鼓励就是我保险箱中的那100万法郎。"

当巴拉昂的遗嘱刊登在报刊上之后，读者们纷纷把自己的答案寄来，其中绝大多数的答案是"穷人最缺少金钱"。虽然这是实话，但却不是巴拉昂所要的答案。还有一部分人的答案是"穷人最缺少机会"，还有少数人的答案是"穷人最缺少技能"、"穷人最缺少帮助"、"穷人最缺少关爱"等等。

总之，人们的答案千奇百怪。那么巴拉昂所要的答案是什么呢？一年后，在巴拉昂逝世一周年纪念日那天，他的律师和代理人按照他的遗嘱公布了答案。在48561封来信中，一个名叫蒂勒的9岁女孩猜中了巴拉昂的致富秘诀——穷人最缺少野心。这个答案公布之后，在法国引起了不小轰动。

其实，对女人来说道理也是一样，如果你想成为多金又自由的富足美少女，你首先要有成为富人的野心。美国经济学家道格拉斯·诺思曾说过："没有野心的人也许某天会享有盛名，然而，有野心的人不想出人头地都很难。"

一个有野心的女人，才会用心思考发财致富的机会。她们或者努力工作，寻找一切让自己走向成功的机会；她们或者独立创业，通过实业来壮大自己的财力。如果你有野心，有梦想，并脚踏实地地去行动，就有实现的可能。

说起创业，很多女人认为自己是弱者。其实，女人和男人一样，同样可以撑起一片天。很多成功的女企业家的事迹就是最好的证明。

1985 年，张茵开始从事废纸回收工作，经过多年的打拼，创办了第一笔创业资本。后来，她带着 3 万元来到香港，在一个老师的指导下，进入了废纸回收行业。再后来，她把公司移到美国，成了中南控股公司，使其成为美国最大的废纸回收公司。在 2006 年《胡润榜》富豪榜上，张茵成为中国第一位女首富。

除了张茵，依靠创业致富的女性还有很多，她们依靠自己的双手与智慧来创业，她们的勇气和胆识都值得我们学习，同时，她们拥有了幸福的家庭，在爱情和事业上获得了双丰收。其实，女人不仅可以创业致富，还可以通过从事一些适合女性发展的高薪行业来获得财富。那么，女人适合从事哪些行业的工作呢?

第一，公关行业。

自古以来，公关行业就是女性的优势行业。在竞争激烈的今天，在依靠吸引客户眼球赚钱的时代，公关的重要性越来越突出。而女人天生就具有公关能力，其表达能力、交际能力、协调能力等，都比男性更有优势。因此，无论你是自己成立公关公司，还是担任公司中的中高级公关代表，都可以创造属于自己的财富。

第二，媒体行业。

女人在媒体行业已经成为了一股不可忽视的力量，其地位有与日俱增的趋势。与此同时，女人在传媒领域创造的财富也越来越多，因此，你可以把传媒业当成你获取财富的一个重要行业。

第三，保险行业。

近年来，保险行业越来越火，涌现出大批女性精英。很多女商业管理硕士放弃在外企的高薪工作，加入到前景可观的保险行业。

你可以先利用业余时间了解这个行业，把保险当做兼职，等你发现保险行业的前景时，你可以全职从事保险工作。

第四，人力资源行业。

人力资源管理是一个适合女性的行业，是女性就业的首选。企业要发展，就需要有一群有知识、有能力、能与公司文化相适应的员工，而这些都要靠人力资源管理者来选拔人才，女性特有的亲和力和号召力，更容易胜任这份工作。

当然，不管你从事什么行业，只要你有致富的野心，有致富的梦想，就可以通过自己的双手打拼出属于自己的一片天地。不过，你要明白实现梦想不能靠空想，不能指望一夜暴富，而要脚踏实地地去奋斗和努力。

# 第九章

Chapter 9

## 气质如兰，风韵长存
## ——修炼柔情似水的女人味

女人可以不漂亮，但不能没有女人味，女人味是女人的根本属性，是女人的魅力之所在。一个没有女人味的女人，就像鲜花失去了香味，明月失去了光辉，无法吸引男人的注意。而一个有女人味的女人，则可以把三分的漂亮增加到七分，会让男人沉醉。女人征服男人的不是美丽，而是女人味。因此，女人要努力修炼女人味。

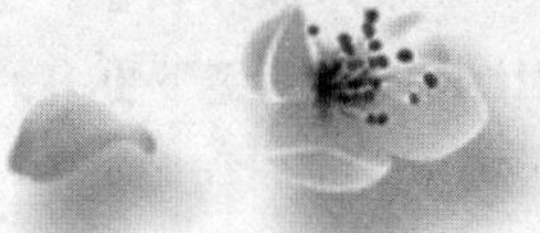

BEING A WOMAN SHOULD NOT BE
TOO HONEST

## NO.1 ↘优雅的外在形象是你的第一张名片

生活中，我们经常会看到这样一类女人：她们长相并不漂亮，但是看上去却很舒服。她们秀外慧中，穿着得体，打扮入时，既有慈母般的温柔，又有淑女般的贤惠，还有智者般的谈吐，给人一种优雅大方的外在形象。看到这样的女人，谁会不对她心生好感呢？

优雅的外在形象是女人最大的无形资本，是女人最大的竞争优势。有人曾对“女人在职场中最大的资本是什么”进行调查，发现能力占了40%，仅次于能力的是外在形象，占了33%，人际关系占了14%，学历8%，金钱和职位各占1%。而优雅的女人具备了外在形象和人际关系双重优势，即获得了47%的成功资本，如果她能力不差，是不是成功的可能性非常大呢？

国外有一份调查显示，在能力相当的情况下，外在形象优雅、气质好的女人要多赚5%的收入。可以说，一个优雅而有气质的职业形象的女人将给自己的事业带来额外收益。还有调查显示，一个阳光、举止得体的女人能比其他同事签下更多的客户，这在经济学上叫做“美丽贴水”。

其实，无论是在职场上，还是在生活中，优雅的外在形象都是女人的第一张名片。在职场上，良好的外在形象可以提高人的精神风貌，能让别人对你产生良好的认同感、信任感，在心理上获得一种愉悦，从而使别人愿意与你合作共事。在生活中，优雅的外在形象可以增加你的亲和力，让人愿意和你接近，和你交朋友，从而使你获得更多的交际快乐。

英国作家毛姆曾经说过：“世界上没有丑女人，只有一些不懂得如何使自己看起来美丽的女人。”如果你的容貌不那么出众，你就要学会寻找自己独特的个性之美，更要注重内在气质的修养。

俗话说，女为悦己者容，女人也应该为自己容。所以，需要善待自己，好好打扮自己。美容大师克莱尔·玛娜有一个著名的打造百分百美人的公式：30分姿色+10分化妆+20分服装+20分首饰+20分皮包=100分百美人。这与我们说的的“三分长相，七分打扮”有异曲同工之妙。姿色难以改变，因此，我们要从化妆、服装、收拾、皮包等方面努力。那么，到底该怎么做呢？下面提供几点建议：

建议1：10分化妆要淡雅

女人不会化妆，那就少了几分气质。化妆是一门学问，不会化妆、乱化妆的女人，只会给自己增加败笔。到底该怎么化妆呢？答案是化妆要干净利落、不留痕迹、清新淡雅。化妆最高的境界是似有若无。如果你想给人留下一个优雅的外形，最好别用蓝眼影、黑唇膏，即使艳红色的唇膏也要小心用。你的眉毛要修得与脸型协调、眉影要打得自然清晰。千万不要王婆画眉，画得又黑又浓，像一道挥之不去的炭痕。粉底要打得透明、细致，打粉底的时候要注意别让眉毛沾上，千万不可粗心大意。这样，你走出门才是一个清清爽爽的女人。

建议2：20分服装要得体

衣服除了驱寒保暖、遮羞之外，还有一项重要的扬美抑丑功能。关于穿衣的学问，恐怕一本书也写不完，它的精髓在于“得体”。要知道，服装不分贵贱，长裙有长裙的飘逸，短裙有短裙的简约，牛仔裤有牛仔裤的精练，吊带小背心有吊带小背心的性感……不管哪一款，适合自己的才是最好的，这就叫得体。得体是首选，然后再考虑其他。女人穿衣服一定要结合自己年龄、身份、职业、场合来选择衣服，这样才能穿出品位、穿出气质、穿出个性、穿出自信、穿出优雅。

建议3：20分首饰要精美

一个渴望美丽的女人，首饰绝对是不能少的，翠玉的手镯、本色陶土的项坠，还有猫眼儿、珍珠项链、铂金的指环、镶钻的耳钉和发卡等等，懂得佩戴首饰的女人才能让自己充满珠光宝气，才会彰显个性，尽现从容与优雅。但是女人不宜佩戴太多的首饰，否则会显得浮夸。

建议4：20分皮包要简约

皮包是优雅女人不可或缺的道具。皮包除了用来盛物之外，还有重要的装饰和搭配作用。皮包和鞋子一样重要，正确地使用会起到锦上添花的作用，错误地使用则是败笔。因为皮包不可能像衣服一样频繁地换，所以皮包从款式到做工到质地，都要选购上乘的，而且要与服装浑然一体，不可将就。有些皮包典雅，有些皮包纯朴，有些皮包结珠缀金，非常精巧……提在手里，挎在肩上，都能让你成为优雅的女人。

建议5：30分姿色跟遗传有关

相貌是与生俱来的，是父母遗传的。这要看你的造化。如果你没有动人的相貌，你不妨多读读书，让自己腹中有诗书气，让自己变得有内涵、有深度、有神韵；如果你没有出众的相貌，你不妨多一点温柔，多一点微笑，多一点大方和洒脱，这样你一样能成为优雅的女人。

## NO.2 ↘风情万种，比美丽更胜一筹

有一种女人，她们有美丽的容颜，有秀挺的身姿，有飘逸的柔发，有散发的体香，有得体的着装。你可以说她们气质迷人，说她们惊艳万分，还可以说她们婀娜多姿，但是都不如用“风情万种”这个词来形容她们更贴切。为什么呢？

因为这种女人的肢体语言不会放浪形骸，但抬手低头间流露出十足的韵味；这种女人的眼神和姿态不会轻浮，但是一笑一颦间却

又流露出让人难以形容的妩媚；这种女人哪怕只是静静地站着或坐着，也是一道亮丽的风景，一首美丽动人的诗篇。这就叫万种风情，它比美丽更胜一筹，就连女人味都比它略逊一色。

有人曾说："风情万种的女人就像打火机，而不解风情的女人就像灭火器。"这句话对风情万种的女人是最好的赞美，风情万种的女人会点燃男人身上的激情，会让男人绽放出热情；不解风情的女人则会让男人泄气，让男人周围一团糟，那感觉简直糟糕透顶。

女人的风情万种并非做作之态，也并非刻意卖弄，而是自然间的流露。女人要知道，风情万种不是一朝一夕就具备的，而是经过天长日久的修炼才达到的。而且风情万种不只是外形的修炼，更是人格魅力的修炼。只有内外兼修的女人，才懂得什么时候该张扬，什么时候该收敛，无论是张扬还是收敛都那么恰到好处，不至于走火入魔让人觉得放荡、轻浮。

女人的风情万种在不同的年龄段有不同的韵味儿。未婚的女人有未婚女人的韵味，已婚女人有已婚女人的韵味，为人母亲的有做母亲的韵味。因此，无论你处于什么样的年龄阶段，你都可以通过内外兼修让自己变成风情万种的女人，变得从容淡定、豁达洒脱、淡泊名利、超凡脱俗。

女人要风情万种，就要把自己的性感展露出来。

性感是成熟女人的一种标志，是一种美，是女性魅力的重要指标。对女人来说，性感是挑战，也是目标，它的极致在于适度展现自己但却不张扬，有风韵但却不风骚。性感的女人如果再配上性感的动作，那么绝对会让男人如痴如醉。

女人的性感绝不是丰乳肥臀，也不是极尽诱惑和勾引的媚态。聪明的女人懂得什么时候穿什么衣服，她们绝不会在酒会或者舞会上穿职业套装；绝不会穿着泳衣招摇过市；绝不会西装革履在泳池边漫步。聪明的女人懂得适当地留一点，再透一点，打造一个若隐若现的性感和迷人外形。

怎样露才能表现出性感呢？美学专家告诉我们，女人要学会扬长避短地表达性感。如果你的腿太短、太粗、太细，甚至罗圈腿，就不要穿短裤、短裙；如果你的肩部太宽、太厚，或者背部皮肤不好，就别穿露背的衣服；如果你的胸部平坦，就不要把领口开得很低。

其实，性感只需要一些小小的细节，比如，上体前倾，使得丰满的胸部曲线若隐若现；用手指轻抚嘴唇或放在双唇间，让你性感的不可方物；适当地穿着丝质吊带裙在屋里走来走去，让丝质的细腻柔滑和你肌肤的光洁交相辉映。总之，你的性感要露得恰到好处，给人一种若有似无的朦胧和诱惑。

女人要风情万种，就让自己隐隐约约散发香气。

香水是神奇而美妙的液体，塑造着女人的第二种形象，是女人的必备武器。再美的女人也要经得起近距离的嗅闻，否则在男人的潜意识中是不会真正感受到你的魅力的。女人，温柔美丽也好，激情狂野也罢，总能在香水的点缀下变得更有魅力和韵味。

香水的流行一般是由设计师和销售员所创造，当某一类型品牌香水在媒体上大量曝光时，消费者往往会认为这就是一种流行，那么消费者要如何在商家所创造的流行中，选择到真正适合自己的香水呢?

著名的香水制造商夏奈尔曾说过："应该把香水洒在想让人亲吻的地方。"香水可以引起性的欲望，可以帮助女人更好地控制男人。当远处飘来女人香时，男人的嗅觉就被挑逗了，男人的感官被刺激了，这会让男人充满期待，浮想联翩。这就是香水的魅力所在。因此，女人要想变成风情万种的人，就要学会驾驭香水，懂得香水的妙用。

聪明的女人不会往身上乱喷香水，因为那样只会一团糟。不同味道的香水应该用在不同的环境和场合，这样才能让你的香味充满魅惑。

在密闭的车厢、戏院等空气不太流通的地方，忌讳使用浓烈的香水，以免刺鼻的香味影响他人。明智的话，应该使用浓度低、挥发性强的香水，让人闻到你身上的淡香就可以了；在餐厅等地方时，也非常忌讳涂浓烈的香水，因为过浓的香水会影响食物的味道，可能降低别人的食欲；在医院等地方，你的香味要让别人闻起来舒服，以免影响医生和病人的心情，或者你干脆别喷香水；在下雨的天气里，空气中比较潮湿，香水在水分重的区域难以弥散，所以，选用淡香水为宜。

香水的选择还要考虑到场合，在婚礼这种喜气洋洋的场合，香氛可以浓烈一点。如果是白天可以选择淡香水，如果是晚上可以选择浓香水；约会的时候，可以选用柑橘水果或苔类香草为原料的香水，这种香水里含有荷尔蒙成分，能使人保持兴奋；商务会谈时，要以清新淡雅的香水为宜，因为过浓的香水会使原本正式严重的会谈气氛变得更加凝重，不利于与会者轻松讨论；睡觉的时候，可以在枕头上涂一点薰衣草或玫瑰香油，这样有助于改善睡眠质量。

女人要风情万种，不妨从骨子里透露出一点妩媚。

妩媚是一种透明的、穿透力极强的光线，又是一缕毒性强烈的轻烟。“媚”里面隐藏着欣赏、取悦、痴迷等物质，会让男人欲罢不能。对聪明的女人来说，妩媚的近义词是温柔，而不是妖媚。尤其是在丈夫面前，聪明的女人总能表现出令丈夫怦然心动的妩媚。

怎样表现女人的妩媚呢？你可以抛个媚眼，笑中带着一点羞怯，用无声的语言牵动男人的心。无论你的媚眼是忧郁的、迷惘的、缥缈的、懒洋洋的、天真带笑的或眼中藏着火焰的，只要神韵所及之处，男人都会接收到你释放出的信号。你还可以在不经意间流露出慵懒状，旁若无人地伸一个懒腰，就像一个刚睡醒的朦胧女子，多么性感。你还可以压低声音，适当地撒娇，表现自己的温柔和娇滴。

## NO.3 ↘做个柔和女人——最是那一低头的温柔

卢梭曾经说过：“女人最重要的品质是温柔。”马克思则认为：“女人最重要的美德是温柔。”温柔是女人最动人的特征，是对一个女人的最佳赞美。温柔的女人就像绵绵细雨，润物于无声，给男人一种柔美之感，令男人心荡神驰、回味绵长。

男人越是在温柔的女人面前，越表现得听话，而越是在强权的女人面前，越表现出反抗和不服。据统计，善于给男人温情而不是狂风暴雨的女人更受男人喜爱，那些用敬仰的态度专心听男人讲话的女人更加迷人。可以说，女人的温柔就像一种口感细腻的佳酿，男人品尝之后就会全身酥软，主动驯服。因此，温柔是女人最诱人的魅力，是一种征服他人的巨大力量。

温柔的女人是微笑的天使，她们总是微笑着面对周围的任何事，从不抱怨生活中的不如意。她们把每一次失败都归结为一种尝试，从中汲取经验和教训。她们把每一次成功都视为一种幸运，然后去用心珍惜，从不骄傲自大。她们的微笑是一把神奇的钥匙，可以打开心灵的迷宫，化解情商的隔膜，给人传递一缕温柔的暖风。

温柔的女人是爱的化身，她们经常与爱恋、仁慈为伍，又常跟宽厚、善良作伴。她们把真诚的心献给朋友，把仁孝献给长辈，把慈爱献给孩子，把爱恋献给丈夫。她们既是良友，又是孝女，既是慈母，又是贤妻。她们是爱和美丽的结晶体，坚强而有力。

温柔的女人是最有女人味的，她们言辞不尖刻，内心不刻薄，她们柔软但却不软弱，她们芳香诱人，又明亮妩媚。她们没有愁怨，更不会寂寞；她们有优雅的情怀，有宽大的气度；她们的魅力源自性格、能力和修养，她们的美丽是由内而外散发出来的。

总之，温柔的女人是集柔情、贤淑、修养、真爱等于一身的，温柔的女人就是一道亮丽的风景，没有一个男人不喜欢温柔的女人，没有一个男人不疼爱柔情的女人。如果你想留住男人的心，唯有让自己变成柔情似水的女人。

第一，学会在男人面前表现你的娇弱。

在男人交往的过程中，你不妨以“守”为攻、以柔克刚，把自己“柔”的情意和“弱”的形态表现给男人看。比如，当你遇到心仪的男人时，你漫不经心地说：“像我这样不起眼的女人谁会请我喝咖啡呢?”“我的身体不舒服，你可以帮我倒杯水吗?”如此等等，把自己的娇弱表现出来，激发出男人怜香惜玉的心理。试想一下，讲究绅士风度的男人，哪有不爱怜你的呢？

第二，在适当的时候展现你的万种风情。

在与男人相处的过程中，你可以在适当的时候施展自己的柔情，展现出一颦一笑、一些亲昵的小动作，恰当地表达亲切和友善，真可谓万种风情。聪明的女人懂得如何保留自己的一份神秘感，牵动着对方的好奇心，通过欲擒故纵的办法维护男人的自尊心，从而激起男人对自己的呵护之心。这远比那些自恃清高、故作矜持，整天皱着眉头，摆出一副冷冰冰的女人对男人更有吸引力。

第三，充分利用女人天生的母性情结。

在男人强悍的外表下面，往往有一颗脆弱的心，尤其是成功男人突然有一天落难时，饱含深情的女人不但是男人的避风港湾，还是男人立于不败之地的力量之源。如果你在男人需要的时候适当地显露母性般的温柔，耐心地鼓励他、激发他的斗志，在他需要的时候默默地支持他，那么你就会在他内心占据重要的位置。

第四，让你的美艳照片“监视”你的男人。

如果你恋爱或结婚了，你可以用一张美艳动人的照片牵住男人的心。比如，你送男人一张你的漂亮照片，在照片的背后写几句爱慕的话，夹在他的钱包里，让他随身携带。通过这个办法，警示他不要肆意妄为，同时也是在广告天下的女人：这个男人已经“名花有主”了。

第五，随时随地向你的男人献上爱。

有些女人不注意生活中示爱的细节，丈夫出门了，她还在床上躺着；丈夫下班回家了，她还在欣赏一本新到的杂志，对丈夫不理不睬。这种情况偶然有之也无所谓，如果经常这样，丈夫肯定会觉得受到冷落而感到不快。

作为女人，聪明的做法是在丈夫出门时，给她一个拥抱或亲吻，督促他路上小心；当丈夫回家时，起身迎接，帮他拿包、递鞋。这样才会让丈夫心头热乎乎的，就算工作再辛苦丈夫也会觉得值。

## NO.4 ↘时尚让你永远成为焦点

当一个人走在流行前面时，那叫前卫；当一个人落在流行后面时，那叫落伍或叫保守；当一个人和流行同步时，那才叫时尚。如果你懂得追求时尚，那么你将会成为一道风景，女人会仿效你，男人会欣赏你。时尚会让你成为永远的焦点，会让你成为生活的宠儿，快乐青睐你，幸福靠近你。

服装大师 Anne Klein 曾经说过："衣服不会改变世界，穿着它们的女人才会。"言外之意是，你所穿的衣服不能代表你，你用衣服展现出来的这个人才能代表你。一个追求时尚的女人是一个喜欢投资购衣、喜欢打理自己的女人；一个追求时尚的女人是活色生香、气质非凡的女人；一个追求时尚的女人，总能把昂贵与低廉的服装巧妙地搭配起来，把奢侈品与地摊货巧妙组合起来。

在男人眼里，时尚的女人是有魅力的女人；在女人眼里，时尚的女人是最摩登的女人。在如今这个个性张扬的时代，女人不必那么矜持，那么伪装，真实、舒服、自然、洒脱才是女人应该追求的目标。可以说，追求美丽、追求时尚，是现代女人最真实的一面。所以，想开点，努力做一个追求时尚的新女性吧。

女人们要注意的是，追求时尚不是说用奇装异服来树立自己的形象，因为这不叫时尚，而叫哗众取宠；也不是说用名牌来包装自己，因为这也不叫时尚，而叫炫耀。如果一个女人一味地用奇装异服或名牌服装包装自己，那么她会在不知不觉中失去自我，变成时尚的奴隶。那么，女人该怎样追求时尚呢？

第一，衣服不用太贵，但要与自己的气质匹配。

女人在追求时尚服装的时候，不必刻意求贵，也不必非要买品牌。因为品牌的服装不一定最适合自己，而且品牌的服饰往往价格不菲。有时候，购买一件品牌服装花的钱可以购买十件非品牌的衣服。而且一件衣服质地再好，生命力也是有限的。因此，为何不退而求其次，用购买品牌服装的钱购买多件适合你的衣服呢？

聪明的你在选购服装的时候，应该坚持“不求最贵，但求最好”的原则。很多女人善于淘衣服，总能在逛街的时候，从林林总总的衣服中选出最适合自己的那件。她们还善于用不同的方式买到自己满意、价格合理的衣服，比如网络购物，因为同样的衣服，网上购买会便宜很多。

第二，注重搭配，把 10 件衣服穿出 20 件的效果。

衣服不在多，而在于巧妙搭配。生活中，有些女人的衣柜里塞满了衣服，但每次约会或出席重要的场合之前，把所有的衣服都拿出来试了一通，仍然觉得没有衣服可穿。而有的女人擅长搭配，虽然只有 10 件衣服，但却能穿出 20 件衣服的效果。

比如，一件上衣与不同的裤子或裙子搭配，就能产生不同的效果，或者同样的裤子或裙子搭配不同的上衣，也能产生不同的风情。聪明的女人发现一件漂亮的衣服时，不会冲动地买下，而是会先思考一下：这件衣服和我衣橱里的哪件衣服相配，或者琢磨——我能轻松买到与这件衣服相配的衣服吗？

第三，充分利用配饰，把平淡无奇的衣服穿出别样的效果。

追求时尚不是要你彻头彻尾地改变，而往往是一个小配饰的变化，就能演变出不同的风格。比如，丝巾、项链这类配饰看似不怎么起眼，但往往能折射出一个女人的品味。聪明的女人懂得利用这些配饰装扮自己，使自己的穿着更加出彩，从而渲染出不同的自己。

举个例子，小巧的耳钉能很好地表现出女人的精致，而夸张的耳坠能显得女人味十足，金色的挎包可以凸显女人的优雅，较大的单肩包则能表现出女人的随性。你在穿衣服的时候，不妨精心挑选不同的配饰，从而点缀出自己的独特气质。也许你的裙子平淡无奇，但是换上一根腰带，就能让你变成时尚女郎。

第四，在任何场合，都要让自己秀色可餐、暗香浮动。

有些女人经常不修边幅，穿着牛仔裤、运动鞋，整天一副素面朝天的样子，看似有一种清纯的美。可是男人并不喜欢随随便便的女人，女人要想让自己变得更有吸引力，就从脸上下功夫，把自己打扮得精细一点吧。当然，这样做不仅是为了男人，更是为了自己。因为追求美丽对于女人而言是永恒的目标，女人的漂亮在出生的时候就注定了，但是女人的美丽却是在后天修炼而成的。

一位哲人曾说过："任何外表的美如果没有内在的气质加以修饰那都是不完美的。"因此，女人一定要不断充实自己的内心。因为女人的衰老是无法阻挡的，但女人的成熟气质却可以因为年龄的增长而更加脱俗。所以，女人要尽量多学点知识，加强个人修养，让丈夫赏心悦目，让孩子以你为荣，让朋友忍不住欣赏。这样的女人才是大家心目中的焦点。

## NO.5 ↘妆容，千娇百媚女人的精"妆"术

恋爱时的女人即使不化妆，在男人眼里依然是西施。如果适度化妆，把自己打扮成精致的女人，那么在男人眼里就如同天使了。可是一旦结婚之后，女人仿佛就变了一个人，不愿意化妆，觉得化妆麻烦；放下了恋爱的矜持，吃得多了，身材走样了；丈夫回来晚了，女人便一个劲地追问、唠叨；如果有了孩子，女人几乎就把时间花在孩子身上了，根本没时间照顾自己。殊不知，这样的女人在男人眼里会变得俗不可耐，越来越没有光彩。

与外面无限精彩和充满诱惑的世界相比，女人的种种表现只能让男人失望，男人会不自觉地患上"审美疲劳症"，于是对女人就失去了兴趣。女人的形象变了，而男人的审美标准没有变。男人依旧爱看那些打扮得亮丽、千娇百媚的女人，这个时候女人怎样才能赢得男人的欣赏呢？

其实，最简单有效的办法就是从妆容开始，把自己打造成一个千娇百媚的精致女人。这是女人善待自己的表现，也是迎合男人的一种方式。当然，无论你是已婚女士，还是未婚少女，适当地化妆，让自己变得靓丽多姿都是有必要的。

有人说过，化妆是女人的“第二层肌肤”打造工程，是女人提升自我魅力的重要方式。一个懂得化妆的女人，是聪明的女人；一个善用妆容的女人，是智慧的女人。化妆不仅能创造美丽，还能延缓容颜流失的步伐。因此，从现在开始，就在自己的妆容上努力，把自己打造成一个精“妆”女人吧，让男人的目光永远积聚在你身上。

那么，化好妆要注意哪些要素呢？

要素1：正确

化妆的时候，所画的部位一定要有正确的色彩搭配。否则，即使你的每一笔都描得很好，每一种色彩都涂得很精致，也难以摆脱俗色或碍眼的感觉。比如，在画眉的时候，你要把握好眉毛的起点、角度、高度。如果把握不好，所画的眉头超出了内眼角，两眉之间的距离过短，就会给人造成压抑、苦闷的感觉。如果所画的两眉位置短于内眼角，两眉之间的距离过宽，就会给人造成呆板、缺乏活力的印象。

要素2：准确

准确强调的是你化妆的操作技巧，落笔要娴熟，要准确地把化妆的原则表现出来。比如，当你发现唇形画得不好时，不能单纯从唇的大小和厚薄及形状等方面来评价，而要结合你的脸型和气质，并要结合你将要出席的场合与设计的关系。

再比如，在唇部化妆时，有一条基本的原则是，上下唇的厚度是1：2，唇谷应在人中中央的位置上。这样的唇才是标准的唇。千万不要小看这么简单的化妆原则，要知道，如果想把它准确地画出来，是要经过充分练习才能做到的。

要素3：精致

很多女人的妆面不够精致，呈现出粗糙的痕迹，比如口红边沿不清晰、粉底浮乱，眉毛修饰不到位等等。要想取得精致的化妆效果，是需要经过长期培养和练习的。举个例子，你要想把唇画得精致，最好的办法就是反复练习和坚持不懈。当你有一天把唇画出了一条流畅和清晰的唇线轮廓时，你就会发现你的气质油然而生了。

要素4：和谐

化妆的最高境界是和谐，如果这种和谐能把你的个性和特色体现出来，那就堪称完美了。和谐包含了三个层面。

第一个层面是妆面的和谐，指的是各个部位的妆面在风格和色彩上是和谐的。比如，如果眉形柔美，那么唇形也应该是柔美的；又比如，如果眼影是冷色调，那么口红也应该是冷色系。面部是五官比较集中、视觉反应较为强烈的地方，如果妆面不和谐，那么女人的气质会大受影响。

第二个层面是妆面与整体形象的和谐，即妆面与发型、服饰、佩饰等和谐统一。

第三个层面是外环境的和谐。这里所指的外环境是你想要表达的气质，比如，你出席的场合，你的年龄阶段，你的职业和社会地位等，都可以通过化妆手段来表达和强化。

要素5：适度

化妆一定要恰到好处、点到为止，千万不可矫揉造作、夸大其词。要想成为一个精“装”女人，就要让你的妆容清新淡雅，给人一种清新感，这样更能展现你的温柔和气质。

## NO.6 ↘注意十个小细节，你的气场就会变强大

为什么女明星一出场，人气就立马爆棚？为什么女明星看起来一身贵族高雅的气质？因为她们有强大的气场。作为普通的女性，

或许你没有女明星的身材，没有女明星的脸蛋，没有女明星的富贵，但是只要你愿意，你也可以拥有女明星那样强大的气场。因为气场不一定来自于身材、脸蛋、钱财，而是来自于由内而外散发的气质，来自于举手投足之间的优雅，来自于大方谈吐时的自信与洒脱。那么，怎样做才能让你气场瞬间变强大呢？下面就来详细介绍十个有助于提升气场的细节。

细节1：告别小碎步

小碎步在20岁以下的女人身上经常出现，特征如下：身体重心放在前脚掌，脚跟微踮，膝盖夹紧，膝盖以下部分的小腿以内八字形式快速迈动。有些女人会把双掌紧贴大腿两侧，然后人体在摆动中向前移。

小碎步往好的方面说叫稚气可爱，但一直这样走路，久了人就会表现出一副畏畏缩缩的模样。想象一下，穿和服的日本女人走路时是怎样的形象，就明白了女人迈着小碎步有多糟糕。因此，赶紧告别小碎步，大大方方地迈开步子，自然地摆动双手吧！

细节2：闭上嘴巴

有这样一个故事：四个女人去吃皮萨，她们围坐在桌子旁边，一边吃，一边聊天。看看这四个女人当时的神态：甲张着嘴巴，下巴往前探，似乎听得很入神；乙咬着下嘴唇，时而松开，时而咬住；丙靠着椅背，眼神盯着手中的叉子，嘴巴抿着，似乎在听其他人讲话；至于丁，自然是在大声说话。

试问，你觉得这四个女人谁的气场更好一点？当然是那个没有张嘴的丙。

如果你不这么认为，那么再留意一下周围的女人。生活中，有些女人在听别人说话的时候，眼神四处搜寻，双唇张开，有些女人甚至会把脖子往前伸。这样非常有损女人的气场。

细节3：挺直你的膝

女人曲膝多半是因为穿高跟鞋的缘故。女人爱穿高跟鞋，因为它可以把女人的美感发挥得非常美妙。可是，穿高跟鞋是一项体力活，脚、腿会很累。于是，有些女人在穿高跟鞋走路的时候，膝盖不自然地弯曲，因为这样可以减少对膝盖的冲击。特别是穿那种鞋跟高，前掌薄的鞋子。然而，曲膝虽舒服，但却让整个人显得一顿一顿的样子。再加上走路时要保持平衡，因此，肩背也会微微弓起。这是怎样一种形态呢？如果你想知道，下次穿高跟鞋的时候学一学，然后对着商场外的玻璃看一看自己的形态，你就会发现曲膝走路时一跳一跳的。

细节4：告别散步

这里说的告别散步不是说不要散步，而是说，在正常行走的时候，不要漫不经心地散步。特别是当你穿着高跟鞋时，更不要表现出散步的姿态。因为这种姿态给人一种颓废、无精打采的样子：双腿呈现出微八字，一撇，一捺，一撇，一捺，臀部随之左右摇摆，这样的走路姿势很不雅观，也有损你的气场。

细节5：站着别乱动

作为上班一族的女人，不可避免地要等公交车、等出租车。你站立的时候，是你气场聚集起来的好机会。但是，如果你站着晃晃悠悠，随便乱动，那么你的气场就会跑掉。

试想一下，如果一个女人在公交站等车时，晃晃悠悠或倚靠在站牌上，那种形象有多么猥琐？当然，有些女人更是有过之而无不及，她们会时而换左脚稍息，时而换右脚稍息，一会儿扯衣服下摆，一会儿摸摸头发或摸摸脸。这样的举动是最破坏一个女人的气场的。

那么，站着时要怎么做呢？最有气场的一招是双腿并拢，挺直站立。记得把小肚腩收一下，胯部别往前挺。如果你的双手不知道往哪儿放，就干脆抱胸。等车的时候，免不了张望。但是扭脖子的时候，动作不要太夸张，能看到180度角范围内的情况就可以了。

细节6：坐有坐相

很多女人在家喜欢歪坐着、趴着看书，坐在电脑前面盘着腿，看电影看到精彩之处还会在椅子上扭来扭去。但是出门之后，这些比较有损个人形象的坐姿就要收起来，要坐出气场来。这里有两种彰显气场的坐姿。

第一种姿势是把椅子坐满一半，跷一个比较低调的二郎腿，上身微微前倾，这是一种具有压制气势的身体语言。要注意的是，采用这种坐姿时要肩膀展平，说话时下巴稍抬，直面而视；倾听的时候也可以采用这种坐姿，当你觉得过于逼视对方时，可以把目光投在前方桌面上。

第二种坐姿是后仰。上身后仰，靠在沙发背上，别含胸驼背。你的双手可以并拢，也可以放在身体一侧，或者把手放在大腿上也行。但是要注意，即使天气真的有些冷，也别把双手夹在两腿中间。

细节7：对眉毛高抬贵手

眉和眼在一个人的脸庞上占据了重要的位置，如果眉眼有神，那么人的气势就出来了。很多女人都会化妆，其中必不可少的一项就是修眉画眉。一般来说，浓密眉毛比细长眉形更有气势，所以，最好不要把眉毛修得太细。如果你天生就是细眉，你可以把原有的眉毛剃掉一半，让一部分眉骨轮廓露出来。

细节8：眼神放正

无论是大眼睛还是小眼睛，无论是单眼皮还是双眼皮，都不是影响一个人气场的关键，最关键的是要把眼神放正。尤其是在与人交流的时候，要注意避免这样几种眼神：头微垂，眼睛往上翻着看人；头微偏，眼睛斜着瞟人；目光游移，用眼睛扫视别人。这些眼神或许没有恶意，只是习惯问题，但这种习惯真的不好，为什么不大大方方地正眼看人呢？目光歪歪斜斜，眼神躲躲闪闪，谁知你是心虚还是气短？

细节9：四肢收起来

当你四肢散开时，呈现出来的是一种活泼随意的开放状态，很居家，很亲切。但是如果你想制造点气场，那就请四肢收敛一点。因为适当地收拢四肢，可以让你的气场和别人的注意力集中到你的身上，不会给人造成四肢漫天乱舞的窘态。但是也别收得太紧，否则又走向了另一个极端，让你看起来显得拘谨和胆怯。

细节10：大大方方穿出去

关于穿着，这里有一个小例子。

有个女人穿着浅蓝色的水玉圆点U领T恤，款式简洁，比较贴身。当她路过橱窗时，瞄了一下自己，发现自己身上有赘肉，于是赶紧收腹。参加朋友的聚会时，她觉得很不安，担心小肚腩鼓出来了，担心U领会走光。从那以后，她每次穿这件衣服，都会紧张，甚至会微微冒汗。终于有一天，她受不了了，把衣服扔掉了。

其实，这个女人没必要那么在意自己的赘肉和服装，既然穿出去了，就应该大大方方的。另外，尽量不要在公共场合整理衣服，就算围巾被风吹乱了一点也没关系。

总而言之，女人的气场来自于内心的强大。虽然气场有先天的成分，但是后天的培养更重要，你的一举一动，反映着你的人生观、修养和自信心。反过来，它们也会充盈你，让你的气质饱满，并最终成为你独特的风格和魅力。

## NO.7 ↘如何使用“眼泪”这个软武器

女人的眼泪可以湿润男人的心，可以征服男人的心。沈从文曾说过：“女人就是那样凡事均以眼泪为后盾。用微笑代表不出的，用嗔代表不出的，总是借助那微带盐味的泪。”有个男人说：“我老婆最大的爱好是哭，只要她一流泪，我一点招都没有了，赶紧去哄。”

为什么女人一流泪，男人就投降呢？因为女人的哭能激起男人怜香惜玉的保护欲，会使男人感到无奈，男人不知道女人为什么要哭，不知道自己做错了什么事，令女人伤心流泪。因此，他们会去寻找原因。女人的眼泪会让男人着急，让男人惭愧，让男人觉得于心不忍。

阿雪是个擅长使用眼泪的女人。作为妻子，她每天把家里的大事小事打理得井井有条，可是一天晚上，丈夫无缘无故地说了她几句，阿雪感到很委屈，于是便趴到床上大哭起来。老公见她哭了，马上紧张起来，赶紧过来把阿雪抱在怀里，又是赔不是，又是求原谅，说了好多温柔体贴的话。听了丈夫的话阿雪依然不停地流泪，可是她心里却乐开了花，因为她知道丈夫很在乎自己，很爱自己。

这里还有另外一个例子，我们不妨再看一下。

晓月在工作中兢兢业业，平时很受领导和同事们的欢迎。她有一个特点，那就是错就是错，对就是对，不能把错与对混淆。但是有一次，上司没有调查清楚就把一个错误强加在晓月头上，晓月委屈地流出了眼泪。上司见状，马上意识到自己冤枉了晓月，于是向晓月问明情况，然后向晓月道歉。这时晓月对上司说“我没事了”，一句话马上化解了上司的尴尬。由于晓月善于用眼泪化解矛盾，在平时与同事的相处中，她的人际关系非常融洽。

泪水看似柔弱，其实也是一柄进攻的武器，往往能收到以柔克刚的效果。只要女人恰当地使用这个武器，其威力是难以预料的。当女人与自己的男人之间产生了棘手的矛盾时，女人的泪水可以让矛盾轻松化解。泪水既可以让女人立于不败之地，也可以让女人内心的委屈和不快得以释放。

女人的泪水，男人非常在意；女人的哭声，男人也非常享受。当女人流泪的时候，男人会殷勤地递上纸巾，慷慨地张开双臂，热情地把女人拥入怀抱，任凭女人的泪水打湿自己的衣衫。当女人在男人的怀中尽情地哭，然后慢慢地破涕为笑时，男人会觉得自己是无所不能的英雄，他们会为自己感到自豪。当女人的哭声换来了男人的那句“没事了，有我呢”时，男人那副顶天立地的男子汉形象就被清晰地勾勒出来了。

女人可以什么都不会，甚至可以不会笑，但是不能不会哭。女人的哭就像梨花一支春带雨，泪水像鞭子一样抽打着男人的心，再铁石心肠的男人也会肝肠寸断。因为女人的泪水是一种示弱——我可怜，我委屈，我受伤了。任何男人都会对这样的女人产生保护的欲望。那么，女人该怎样使用“眼泪”这个软武器呢?

第一，流眼泪要分场合。

在日常生活中，女人的泪水就像爱情生活的润滑剂，一个柔弱似林妹妹那样的娇小女人，往往能增强男人的恻隐之心。如果偶尔使用点泪水，那么你身边的男人这辈子都别想逃出你的手掌心。但是，流眼泪要分场合，不能说流泪就流泪，乱流一气。比如，在朋友的聚会上，大家谈兴正浓时，你“哇”地一声大哭，可想而知那是怎样令人尴尬的场景。在婚姻生活中，女人也要把握哭的分寸，不能动不动就哭，否则只会使老公心烦。至于什么时候哭，什么场合哭，要得到什么样的效果，达到何种目的，女人心里一定要有谱。

第二，流泪要动真感情。

眼泪是女人软弱的标志，但也是最有力的武器。男人常说：“我不怕老婆凶，就怕她哭。”可见，女人的眼泪很有杀伤力，女人的眼泪对男人有很强烈的感染力。但是流泪一定要动真感情，假惺惺的没有感情的哭是无法打动男人的，相反会惹恼男人，激起男人的抵触心理。

第三，在战火燃起之前哭。

在两个人的世界里，发生一些小摩擦和矛盾是常有的事情。当你在擦地板，老公却在看电视时；当你在忙碌着准备晚饭，老公却在沙发上嗑瓜子时；当你辛苦地洗衣服，老公却在玩电脑游戏时，你可能会感到内心不平，感到一肚子委屈。这时候如果你的老公心情也不是很好，你就要注意点了，一旦你的情绪爆发，你们可能就会爆发战争。

很多女人总是和男人一阵激烈的争吵、厮杀之后，才坐在床边哭泣。其实，回头想想，如果女人在战火燃烧之前就哭泣，那么战火就很容易被浇灭，也没有后面的大动干戈。所以，在吵架的时候，尽量少发火，多流泪，这样可以避免争吵升级。

第五，不妨默默流泪。

哭泣是女人有利的武器，但要用得恰到好处。有些女人爱大哭大闹，其实，这样并不能取得好的效果，相反，默默流泪反倒会让男人彻底慌了神，任凭你的差遣和掌控。

小甜虽然结婚三年了，但是依然过着甜蜜的二人生活。而且与以前相比，小甜现在更有风味，每天都乐得合不拢嘴。为什么小甜这么幸福呢？原来，小甜特别会默默流泪。记得结婚后不久，她和婆婆因为做家务的事情产生了一些分歧，婆婆认为做媳妇的应该积极承担家务，毕竟婆婆上了年纪，而小甜认为她嫁过来不是做保姆的，而是做妻子的。因此，她不太愿意做家务。

面对婆婆的不满，小甜没有表现出反抗，她只是在卧室里当着丈夫的面悄然流泪，丈夫见她这么难过，就抱着她哄着她。得知小甜的委屈后，丈夫既不好说母亲不好，也不好说妻子不好，于是，他只好多承担一些家务，让妻子和母亲少做一点。小甜见丈夫每天下班之后还做家务，也开始积极地和丈夫一起做家务。就这样，家庭矛盾消除了。

幸福的婚姻生活需要一个善于体谅家人的女人来经营。当家庭矛盾产生时，女人如果粗鲁地争吵、肆意地哭泣，只会让男人烦透到心底。而如果女人不争不闹，只是偶尔小声哭泣，那么绝对会赢得男人发自内心的呵护。所以，哭泣要注意分寸，大哭不如小泣。

## NO.8 ↘爱撒娇的女人，才会招来男人疼

和流泪一样，撒娇也是女人征服男人的柔韧武器。面对女人娇滴滴的声音，没有一个男人能不败阵下来。比如，女人娇声说："老公，我喜欢这件外套，我就是想穿得漂亮一点，让你更加喜欢我嘛，你给我买好吗？好啦好啦，就买这一件，下次我不使小性子啦……"在如此娇气的话语面前，哪个男人不乖乖就范呢？恐怕再固执的男人也会在这种娇声嗲气中手足无措、骨头酥软。女人只要把娇气软绵绵地撒在男人身上，男人哪怕上刀山下火海也会毫不眨眼为女人献身。

作为女人，要明白撒娇的价值。撒娇能让男人觉得很有面子，撒娇就是在利用男人的虚荣，享受男人的关爱和呵护。撒娇的女人在公共场合总能表现得温柔贤惠，这不仅让男人觉得有面子，也能引起众人的羡慕和嫉妒。回到家里，男人一定会加倍犒劳女人。

撒娇的女人是体贴的。当男人劳累一天回到家中，女人撒娇道："亲亲老公，你辛苦啦，想死我了，来，抱抱……"接着给男人端茶倒水，然后一双小手勾搭在男人的肩膀上，再送上一个含情脉脉的香吻……有这般会撒娇的妻子，男人的疲劳一下子就消失得无影无踪了。

撒娇的女人是有欣赏眼光的。女人在男人面前撒娇，能激发男人内心的自信，让男人为自己感到自豪，从而会更加卖力地工作，为家付出更多。当男人遇到不顺心的事情时，女人的撒娇可以带给男人鼓励和动力。

善于撒娇的女人是有智慧的，她们懂得以柔克刚，在一颦一笑

一嗔一怒中神不知鬼不觉地达到自己的目的。撒娇中没有半点勉强和造作，有的只是女人的妩媚和可爱。相比之下，那些号称“我从来不撒娇”的女人显得愚蠢，因为直通通、硬邦邦的处事方式根本无法激发男人怜香惜玉的热情。

撒娇能化解生活中的摩擦和矛盾，让男人有火也发不起来。当男人生气时，女人撒娇地抱男人一下，保证男人不会动粗；当男人爆粗口时，女人吻一下男人的嘴巴，男人肯定不会继续骂，而且还会苦笑道：“我真拿你没办法。”女人要明白，家里不是讲道理的地方没必要和男人争得面红耳赤。聪明的你多一点撒娇和体贴，你就能享受到家庭的幸福。

女人怎样撒娇才最有杀伤力呢？

撒娇法 1：装嫩

人人都喜欢美，但是你总有容颜不再亮丽的时候。为了让老公像以前那样疼爱自己，你不妨装装嫩，试着做老公的小女人，做老公怀里的小可爱。这也是为了家庭更加幸福，为了让女人更加漂亮。

毫无疑问，女人装嫩可以让自己变得更漂亮。但是装嫩要掌握火候，也要适时、适地、适度，这“嫩”既要装得体贴，又要装得大方。比如，年纪稍大一点的女人穿色彩艳丽的超高跟鞋与自己的年龄不搭调，不妨多穿中高跟鞋，在沉稳底色上增加一些优雅的装饰，这样你的风情就会在摇曳中飘荡。

再比如说丝巾，你可以多准备几条，不同的花纹、不同的款式、不同的质地、不同的长短等等，或披着或围着，都会使你魅惑倍增。再比如说手链项链，是女人最喜爱的饰物。你不一定要用贵的，只要不夸张，那些时尚的小饰物就能让你变得娇嫩水灵。总之，装嫩的女人既美丽了自己，又能带给别人愉悦，没有什么不好。

撒娇法 2：矫情

“娇”是女人的天性，女人的矫情是爱情的润滑剂。男人的虚荣在女人的矫情面前表现得淋漓尽致，男人以为赢得了女人的芳心，其实已经落入到女人的温柔陷阱里。“嗔”是矫情的助手，娇与嗔配合，可以产生四两拨千斤的功效。当男人暴跳如雷时，只要女人轻舒玉指，樱桃小嘴飘出一地娇一地嗔，男人的雷霆之火瞬间就会消散。平时多对老公说一些柔情似水的话，比如，“老公，你累了吧，我给你捶捶背”；“老公，这道菜是我特意为你做的，好吃吗”；“老公，你总是在外面吃饭，也不陪陪我，我好孤单哦”等等，这样嗲声嗲气地撒娇，保准你的男人吃不消。

撒娇法3：哄劝

撒娇的方法多种多样，其中一种是哄劝。当你想让老公做一件事时，你不直接命令他，而是矫情地哄劝，“老公，帮我拎包吧，你看人家的小手，都勒出红印了。”男人听到老婆这样说，哪有不心疼的。“老公，我今天很想吃你做的饭菜，去吗，人家求你了。”男人即使再累，也会屁颠屁颠地进厨房，使出浑身解数给你做一顿好吃的。

相反，如果女人粗暴地命令男人，那效果截然不同了。“赶紧做饭，我也上班了，凭什么伺候你?”这样的话一出口，两口子肯定会吵起来。一样的意思，用不同的方式表达出来，效果截然不同，这就是哄劝的意义。

## NO.9 优雅不仅仅是穿着与妆容，更是才能与学识

优雅是女人真正的美，是女人真正的吸引力。一个再漂亮的女人，如果没有优雅的气质，就如同一朵接近枯萎的鲜花，一潭无法流动的死水。相反，一个人长相一般，但是举止优雅，就会立刻神采焕发，楚楚动人，一伸腰、一低头、一转眼，都会轻舞飞扬，在男人心中泛起阵阵涟漪。

诚然，女人的美貌、时尚的服饰、精心的打扮、得体的妆容都可以增添女人的优雅，给人带来美感。但是这种外表的美或多或少显得肤浅短暂，毕竟容颜易逝。因此，怎样让优雅不随时间消失，不受年龄限制，不受服装打扮制约，是每个女人都渴望了解的。

俗话说："30 岁前的相貌是天生的，30 岁后的相貌靠后天培养。"岁月是一把无情的杀猪刀，当你的年龄到达一定的岁数时，当漂亮不再是你的亮点时，你要懂得充实自己的内心，丰富自身的文化涵养。这才是你恒久不变的优雅魅力，并且它会随着时间的叠加而与日俱增。

源于内心的优雅是女人征服周遭一切的魅力所在，是经得起时间考验的时装和化妆品，即使穿着普通的服装，即使素面朝天，也会格外引人注目。优雅看似无形，实则有形。它是通过一个人的言行举止、个性特征等表现出来的。优雅之美在举手投足之间流露，在待人接物之间表现，在一笑一颦之间彰显。

女人的优雅之美少不了温柔的性格、善解人意的心灵。一个不懂得温柔，不善解人意的女人，纵然容颜再美，也不能称之为优雅。因此，女人要注意自己的涵养，要避免大悲大喜，要学会忍让和体贴。要避免盛气凌人、傲气十足，要学会温柔，展现自身的亲和力。这样才能把你的内心情感表达出来，而有感情的女人往往很容易引起别人的共鸣。

女人的优雅之美少不了高雅的兴趣。当一个女人爱好艺术，懂得欣赏音乐、歌剧，偶尔唱唱歌、画画画、跳跳舞时，女人的优雅就在这些高雅的兴趣中不自觉地表现出来了。要知道，艺术源于生活，一个爱好艺术的女人，想必是一个懂得生活的人，这样的女人总能充满迷人的色彩。

女人的优雅之美少不了丰富的才识，一个没有才识的女人，就是一个"空壳子"。如果说，女人的美貌能带给女人自信和吸引力，那么女人的才识就能带给女人感染力、亲和力和内涵，让人觉得更有深度，更有味道。因此，每个女人都应该用学识滋润自己的心田。

当女人拥有了学识之后，她便能在美貌的基础上更添几分淑女气质、几分柔情、几分典雅。拥有学识的女人，即使是岁月的皱纹爬上了脸颊，也会风韵犹存，不失优雅的风范。当她与人交流时，其低调的谈吐充满了见地，不论在什么场合、谈论什么问题，她们都是那样有自己的独特看法和独到见解。

有学识的女人就像一坛芳香醇正、醉人心脾的酒，让人忍不住与她们接触，与她们结为良师益友。有学识的女人如同一本书，一本写着女人味的书，让男人忍不住将其当做一生的宝藏，一辈子细细品读，从中感受一份宁静与美好。

古人道："腹有诗书气自华。"如果你想成为美丽高雅的女人，那不妨在闲暇时间多读书，陶冶性情，提升你的人格魅力，加深你的内在涵养，提高你的思想情操，过滤你心灵的尘埃，净化你充满欲念的灵魂。

爱读书的女人即使不施粉黛，也会显得超凡脱俗；即使不着舞衣，也能显得高贵迷人，因为闪闪发光的智慧同样秀色可餐。对柔情似水的女人而言，读书是一件神圣的事情，会使女人兼具美丽与知识，让女人从书中参透人生的智慧，回味爱情的缠绵，汲取为人处世之道，从而淡泊名利，宁静致远。

# 第十章

## Chapter 10

### 学会占有男人的心

每个女人都想成为男人心中的“公主”，在对方的内心占据不可动摇的位置。然而，要想占据男人的心，却是一门有难度的技术活。这要求女人保持持久的吸引力，像磁铁一样把男人控制在磁场范围之内，用甜言蜜语滋润男人的心，用含羞带笑牵动男人的情，用若即若离激发男人对你的兴趣，成为一个调配爱情的高手，成为一个魅力与智慧兼具的女人。

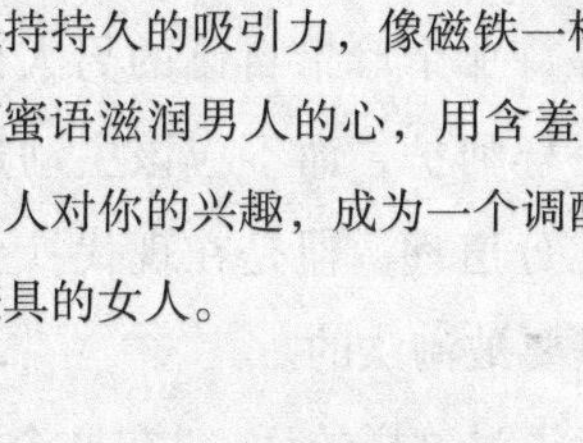

## NO.1 ↘善用你的红颜资本

虽说占有男人的心是一件很奇妙的事情，但是你不得不承认的是，你所具备的某种资本经常会左右男人对你的态度。比如，你的出众相貌、你的得体着装、你的飘逸长发、你身上的迷人香水味、你的温柔贤惠、你的善解人意等等。对女人来说，如果想获得男人的宠爱，获得完美的爱情，就必须知道自己有哪些红颜资本，同时还要善于运用自己的红颜资本，这样才能最大限度地占有男人的心。

提到“红颜资本”这个字眼，也许有些女人觉得不齿，认为女人就应该好好等待，等待那个珍惜自己的男人出现，然后享受他的宠爱，被他当成公主一样呵护，而不应该主动追求男人。这句话如果放在古代，或许有几分道理，但是在现代社会，如果你还坚持被动等待，那么你注定是要被淘汰的。

曾有一位知名学者说过这样的话：“在这个极端竞争的年代，你不但要成功，还要及时成功。如果你成功晚了，也是一种失败。”把这句话放在男人爱情上来就是说，女人不但要找到真爱，还要及时找到真爱，否则就是一种失败。为什么这么说呢？

要知道，对女人而言，现实尤其残酷，因为即使你美貌如花，也难以经得起岁月的摧残。你在 20 岁的时候，高傲地对别人说：“我才不主动追求自己喜爱的人，如果一个男人喜欢我，他会主动追我的。”等你到了 30 岁时，你还能这么淡定地等待吗？当你看到身边的姐妹陆陆续续找到了爱的归属，你还能做到平常心对待婚恋吗？恐怕很少有女人做得到这一点。所以，为什么不在你最阳光灿烂、最美艳动人的时候展现出自己的魅力，吸引男人的关注，从中发掘你未来的幸福伴侣呢？

如果说女人是一本书，你的内容再精彩，但是你的封面已经暗黄、褶皱了，还有几个男人愿意来翻阅呢？如此一来，你找到真爱伴侣的可能性是不是小了很多呢？到最后你的“选项”少了很多，没法再精挑细选了，于是你随便凑合了一下，找到了自己的爱情，但那也许不是命中最好的姻缘。

所以说，女人如果不善于利用自己的红颜资本，在最灿烂的时候展示自己的美，那就是一种失败。在这个现实的社会，如果你因为没有资本而失败，这还情有可原，正所谓“我已经尽力而为了，虽然失败我也没有遗憾”。但是如果你有资本，却没有发现自己的资本，或者发现了自己的红颜资本，却不屑于加以利用，那就太遗憾了。

有些女人封建道德思想浓厚，她们认为主动利用自己的红颜资本去吸引男人，是轻浮和淫荡的表现。如果你也这样想，那只能说明你“太老实”了。因为首先，追求爱情是每个人的权利。男人主动追求爱情，那似乎是天经地义，女人主动吸引男人的关注，主动赢得男人的好感，从而赢得男人的心，不一样是理所当然吗？当你获得了自己理想的爱情时，你还会因为当初主动追求男人而感到羞耻吗？相信聪明的女人绝对不会这样想。

那么，女人怎样利用自己的红颜资本呢？

第一，大大方方地向男人靠拢。

如果你想博得男人的青睐，不管是在事业上，还是在爱情中，你要做的就是大大方方地向男人靠拢，把目光聚集在你的理想目标上，然后捕捉他的目光。当你和对方对视时，眼神一定不要躲闪，而要大大方方，表现得很自然，只有这样你的眼神才能穿透他的心。如果你真的喜欢他，想得到他的追求，那么你不妨抛个媚眼，释放一点暧昧，向他做出暗示。如果他对你有感觉，他将会主动来追求你。

第二，善用你的外在形象资本。

众所周知，男人是视觉动物，男人喜欢美女，这是与生俱来的天性。因此，你可以通过外在的装扮来塑造自己美好的形象，比如，穿一条性感的长裙，露出你的香肩；留一头飘逸的长发，展现你的妩媚；喷一点迷人的香水，传达爱的电波等等。你要根据目标男人的喜好打扮自己，这样你才会变得更加有吸引力。

第三，认清自己有多少红颜资本。

有些女人没有自知之明，过高地估量了自己的红颜资本。面对条件不错的男人的追求，她却认为对方配不上自己，结果错失了美好的缘分。其实，女人没必要这么较真。要知道，男人也想找个条件更好的女人。所以，聪明的女人清楚自己有多少红颜资本，大概与什么样的男人匹配，能把握住机会，找到自己的如意郎君。

## NO.2 ↘做个调配爱情的高手

恋爱是一种能力，相爱是一种技巧。对于美好的爱情，女人要努力成为指挥家，用心去掌控、去调配，而不能成为奴仆，拼尽全力去追随。这样女人才能爱得有尊严，爱出一个美好的结果。

生活中，有些女人一旦遇见了爱情，就会老老实实地付出，表现得像一位母亲，对男人百依百顺，把男人的生活起居照顾得无微不至。可是，这样就能得到男人的真爱，被男人永久地珍惜吗？答案是不一定。

聪明的女人对待爱情则是另一种方式，当她们爱上一个男人时，她们不会因为思念辗转反侧；她们更不会有事没事问男人："你到底爱不爱我？为什么你不说爱我？"她们懂得让爱保持距离，懂得有张有弛、有松有紧、伸缩自如，像一个磁铁一样吸引着男人，让男人围着她们转。

徐玲非常漂亮，她有一个同样漂亮的姐姐，姐姐可谓是个恋爱高手，她在姐姐的"熏陶"下，学会了不少与男人相处的技巧。24岁那年，徐玲大学毕业，在一家公司做助理。不久，年轻的上司喜欢上了徐玲，而徐玲也是喜欢他的。

在平时的工作中，上司对徐玲非常照顾，而且经常约她共进午餐、晚餐、约会。但是徐玲只是偶尔答应上司的邀请，并且尽量避免和上司单独在一起。她知道喜欢上司的女孩很多，个个都很出众，而且她们大胆主动约他。可是徐玲从来没有约过他，只是表现出对他有一点好感。尽管她非常喜欢上司，但并没有做出取悦的姿态，因为姐姐告诉她：对付男人，就要善于吊胃口，这样不仅能抓住男人的心，还能考验男人的真心。

徐玲就用这样的小手段和上司保持着半年的暧昧关系。由于有这层关系，她在这半年时间里，工资涨幅不小。半年过去了，徐玲攒够了一笔钱，她开始计划去桂林山水旅游，那是她一直梦想去的地方。

上司得知徐玲的旅游计划时，自荐陪她去，并承诺负担一切开销，但是徐玲却拒绝道："公司不能少了你，再说了，这次旅游我就是想享受一个人的自由。"接着，徐玲又说："我会挂念工作，挂念工作中相处的这些人。"她有意不点名挂念谁，就是故意让上司去琢磨。

就这样，徐玲带着对上司的暗恋，看着上司不舍的眼神去旅游了。上司暗想，等徐玲回来就向她表白吧，不能再等了。两天后，徐玲在桂林山水的一家旅馆里给上司打电话，告诉上司自己旅游的情况。从这通电话中，上司得知徐玲所住的旅馆，于是当天下午就坐飞机赶了过去。

晚上9点多钟，服务台打电话给徐玲，说有人找她，徐玲感到奇怪，说："没搞错吧，我在这里根本没有熟人。"但是服务台说没错，说是位男士，就在楼下的咖啡厅等她。当她疑惑地来到楼下的咖啡厅时，她看到了她的上司。上司手里捧着一束鲜艳的玫瑰花，他们对视的那一刻，徐玲的眼眶湿润了，那是感动，是惊喜。上同司利用这个机会，向徐玲表白了，徐玲接受了这份表白，两人顺利地走到了一起。

男人喜欢处于主动地位，如果女人太过主动，男人反而会心生疑虑，认为女人有所企图。所以，女人越主动，男人可能越退缩，甚至会直接逃掉。因此，女人要想抓住男人，最好的办法是假装不在意、不在乎、不重视，但是又给男人适当的暗示，让男人想得到又得不到时，他才会饶有兴趣地追着你，想尽办法赢得你的芳心。这样才能满足男人的征服欲。

无论是恋爱中，还是在婚姻生活里，女人都要善于了解男人的心理，做一个调配爱情的高手，聪明地恋爱、聪明地相爱，这样才能让爱愈来愈深，让情越来越浓。那么，大体而言。若想把爱情调配好，女人要怎么做呢?

第一，知己知彼，百战不殆。

打仗的时候，讲究知己知彼，了解对手的弱点，才能以弱点为突破口，从而一举将其拿下。在恋爱或婚姻生活中，也是同样的道理。当你了解男人的兴趣爱好，得知男人未实现的心愿，恋爱或婚姻生活就变得轻松很多。你可以投其所好地示爱，这是最常用也是最实用的方式。比如，你的男人经常冻得缩着脖子，你给她织一条围巾或买一条围巾送给他，他的心一定暖暖的。再看看他的眼睛里，是不是全都是你的影子呢?

第二，保持距离，制造神秘。

男人对女人总是充满好奇，如果你让男人对你产生了浓厚的兴趣，他就会想办法接近你、了解你。怎样才能引起男人的兴趣呢？那就是制造神秘感。怎样制造神秘感呢？那就是刻意和男人保持距离。这个距离要适度，不能太远，否则给男人一个冷若冰霜、拒人于千里之外的孤傲印象。这种距离也不是绝对的，而是相对的，你可以时而和对方保持距离，时而又和对方走近一点，让对方捉摸不透你，他必然会对你产生强烈的好奇心。

第三，不舍不得，有舍有得。

恋爱时，男人经常处于主动位置，然后女人有了反应，于是双方坠入爱河，在爱河里畅游。但是男人也不可能时时刻刻主动，而且男人也渴望得到女人的主动付出或关爱。因此，女人不能总是坐在那里等男人成为她的丈夫，而应该适当对男人付出一点，对男人好点，让男人尝到爱情的甜头。比如，你偶尔主动约男朋友出来玩，主动请男朋友吃一顿饭，偶尔送男朋友一些小礼物。当男人感受到你的爱时，他会更加坚定地去爱你，更加不求回报地去付出。这样一来，你美好幸福的生活就不远了。

第四，若即若离，欲擒故纵。

若即若离，欲擒故纵，是让男人对女人着迷的最好方式。因为这一招让男人搞不懂你在想什么，就像雾里看花、水中望月那样，越有阻力，越有障碍，男人就越想彻底地看透你。现实中，有些老实女人一旦恋爱，就整天粘着男人，一旦结婚，就整天管着男人，这样只会让男人厌烦。如果女人懂得若即若离，欲擒故纵，那么反倒会让男人主动回过头来认真了解身边的女人，然后屁颠屁颠地追随女人，生怕女人离自己而去。

## NO.3 ↘含羞带笑，让男人对你欲罢不能

笑是一种生活态度，也是一种做人风度，更是一种恋爱尺度。所谓恋爱尺度，是指在恋爱或婚姻生活中，保持恰到好处的微笑——含羞带笑。如果女人在男人面前含羞带笑，那么男人肯定会对女人欲罢不能。因为羞答答的笑是充满魅惑的，是充满爱的暗示的，是会让男人怦然心动的。没有哪个男人不喜欢女人的含羞带笑，哪怕陌生男人也会对一个含羞带笑的女人产生好感。

有这样一个故事，充分说明了含羞带笑的巨大魅力：

在某高校的餐厅里，曾经发生过这样的一个小故事。

有个名叫吴秦的男生和女朋友来到餐厅，他们买了两碗羊肉烩面，然后靠墙坐下。可是吴秦发现女朋友没有动筷子，而是看着那碗面痴痴地笑，而且一边笑一边往旁边瞟。

吴秦顺着女友的眼神看去，发现旁边有个男生目不转睛地盯着她的女友不放。吴秦非常生气，他站起来指着那个男生问："你想干什么？请注意礼貌。"

那个男生不屑地说："你管得着吗？她也没有不高兴啊！"就这样，两个男生差点动起手来。

为什么那个男生目不转睛地盯着吴秦的女朋友看呢？据那个男生说，当他看到那个爱笑的姑娘的眼里流光溢彩、脉脉含情时，已经被迷住了，他觉得她笑得非常好看，所以，忍不住多看几眼，以至于忘了把目光收回来。事后，女孩的男朋友才意识到这是一场误会。我们这里主要是想借这个故事说明，含羞带笑、脉脉含情是多

么具有吸引力。又有哪个男人不喜欢爱笑、脉脉含情、顾盼多姿的女人呢?

聪明的女人不一定有销魂的身段、天仙般的容貌，只需要有一张含羞带笑、脉脉含情的笑脸。面对陌生男人时，女人含羞一笑，然后掩面低头，一定会让男人的心泛动涟漪；面对男朋友，女人含羞带笑，然后痴痴地注视着男朋友，男朋友一定会忍不住把女人拥入怀中；面对自己的丈夫，女人含羞带笑，然后递上一杯水，丈夫一定会充满幸福感。

女人的含羞带笑是男人兴奋的助燃剂。当男人表现出主动和热情时，女人的忸怩和腼腆的笑蕴含了道不尽的风情。就像小鸟在林间滑翔，精灵在空中躲闪，鱼儿在深水稍纵即逝一样，可以充分地刺激男人的感官，让男人不由自主地迸发出全身的力量去捕捉那含羞带笑的瞬间美好。

女人的含羞带笑是快速占据男人内心的有力武器。古希腊哲学家苏格拉底曾说过:“除了阳光、空气、水和微笑，我们还需要什么呢。”在苏格拉底的眼里，微笑如同阳光、空气和水一样。女人的笑能使男人的疲倦消散，使男人的沮丧变成希望，使男人从悲伤中获得力量，使男人从慌乱中获得一种镇定。

徐敏是某公司的导游。有一次，旅途中发生了车祸，她被卡在前座里不能动弹。没有受伤的游客和前来救援的工作人员积极地开展救助工作，徐敏却微笑着说:“你们先救其他乘客吧，我不要紧。”等所有的乘客被救出来，大家再去救徐敏时，才发现她的双腿已经流了好多血，几乎处于昏迷状态……后来徐敏恋爱了，追她的男人就是那次车祸中的一名游客，该游客说:“在那种万分危急的情况下，她的笑那么好看，让我久久无法忘怀，我认定她就是我今生所爱。”

羞答答的玫瑰静悄悄地开，羞答答的笑让男人难忘怀。女人的笑是俘获男人心的最有效的手段。“回头一笑百媚生”，“犹抱琵琶半遮面”，古往今来，多少英雄豪杰为女人的笑而倾倒。在现实生活中，爱笑的女人总能消除矛盾和冲突，让自己心爱的男人俯首称臣，毫无怨言。

## NO.4 ↘若即若离，让男人永远兴致盎然

爱情是一个磁场，而不是一根绳子，当女人试图用绳子捆住男人，以免男人变心时，男人就会产生挣脱绳子的欲望；如果女人对男人若即若离、忽冷忽热，给男人一个自由的假象，那么女人会成为永恒的诱惑。

然而，生活中，很多女人总喜欢约束着身边的男人，总喜欢黏着身边的男人，总觉得相爱了就是完全拥有对方。其实，这是一个非常错误的想法。因为每个人都是一个独立的个体，男人不完全属于女人，女人也不完全属于男人，即使你们结婚了，那也不意味着你可以任意支配男人，控制男人的自由。

婚恋专家说过，爱情不应该成为牢笼，而应该成为新鲜的空气，自由的天空。即使结婚了，男人也应该有自己的交际圈，人际交往不能因为恋爱和婚姻关系的建立而终止。正如有人说的那样：“恋爱就像放风筝，拉得太紧，风筝就会掉到地上；拉得太松，风筝就会飞走。”因此女人应该做到收放自如，张弛有度。如此，才能占有男人的心。

刘彤和男友是在北京工作时认识的，两人在一起两年了，初恋时的激情早已归于平淡。有时为了一点琐事，两人互不相让，争吵不断。偶然间，刘彤发现男友的手机里有陌生女孩的短信，内容有些暧昧。她质问男友和那些女人是什么关系，男友却说是普通朋友，偶尔开个玩笑罢了。刘彤不相信，和男友大吵了一架。然后甩门而去。刘彤心想，或许分手是最终的结局。

当刘彤把自己的境遇告诉闺蜜时，女友劝说道："不要轻易分手，毕竟你们相爱了这么久，而且现在你也不能证明他内心没有你。我给你出个主意吧，要不你跟他玩失踪的游戏，看他有什么反应，看他能否意识到你的重要。"

刘彤觉得闺蜜的建议有道理，就照做了，于是，她向公司请了一个星期的假，然后独自一人去泰山旅游。闺蜜还劝她把手机关机，彻底地从男友的生活里消失。

第一天的下午，男友习惯性地在家等刘彤回来。可是直到晚上8点，还没见刘彤的人影，男友开始着急了。因为以往刘彤有什么事情晚回来，都会打电话告诉他的，可是今天既看不到她的人影，也没有接到她的电话。于是他给刘彤打电话，但是发现刘彤关机了。他想也许女朋友和朋友逛商场去了，但是转念一想，逛商场也没必要关机啊，于是他又安慰自己：可能女友的手机没电了。

一夜过去了，刘彤像是人间蒸发了一样，既没有回来，也没有电话或短信。男友非常不安，他打电话给刘彤的同事，得知刘彤请了几天假，但是同事并不知道刘彤去了哪里。男友有些慌了，他开始逐个给刘彤的闺蜜打电话，焦急地询问情况："你知道刘彤在哪里吗？我找不到她很着急啊！"

刘彤的闺蜜说："你别开玩笑了，你把她藏起来了，还找我要人啊，我怎么知道啊？"这一下，男友快要疯了，他开始发疯似地去他们去过的地方找，但是没有找到。

第二天晚上，男友呆呆地坐在沙发上，想象往日刘彤那调皮可爱的样子，内心空荡荡的。第三天晚上，男友不停地拨打刘彤的手机，到了晚上12点时，终于通了。在电话中，他哭着询问刘彤在哪里，刘彤在电话的那头也忍不住哭了起来……

从这件事之后，男友有了很大的变化，他不再忽视刘彤的感受，不再和别的女孩搞暧昧，他知道真爱需要珍惜。刘彤也有了很大的变化，她不再整天粘着男友，不再翻看男友的手机，不再随时查岗，而是刻意保持若即若离的状态，偶尔忽视男友一下，偶尔玩玩消失，她发现这样男友反而更加在意她。

当然，这种“玩消失”要适度，不可过分，要不然会伤感情的。当女人对男人若即若离、忽冷忽热时，会让男人搞不懂你的真实想法，这对男人来说有很大的诱惑力和征服欲。比如，刚才你还和自己的男人热吻，过一会儿你就狠狠地掐他一下。他肯定会笑着对你说：“你真是母老虎。”言语之中，没有一丝怨言，而是充满温情。

婚恋专家说过：“女人要懂得忽紧忽松地抓住男人，和男人的距离也要永远保持若即若离，否则适得其反。”因此，学会时而和男人亲近，时而和男人保持距离，甚至可以像刘彤那样突然“失踪”，以此制造神秘感，考验男人是否在意你。具体怎么做呢？你可以参考以下建议：

第1招：适当拖延，不要立即回复

无论是在恋爱中，还是在婚姻生活中，对于男人的短信或电话，不要每次都立即回复。

作家雪莉·阿格在她的《男人恋上聪明女人》一书中说：“有时可以让电话答录机或者手机的语音箱来回应。这会让他意识到你是一个值得等待和花心思的女人，所以，让他去为揣测你在做什么而绞尽脑汁吧。”这一招可以轻松测出男人对你的用心程度。

第2招：懂得拒绝，不要一味答应

当男人邀请你约会，请你吃饭，表示送礼物给你时，记得不要一味答应，而要适当地拒绝，甚至可以对他说："我已经答应了另外一个约会，不能再答应你了。"这样一来，你的拒绝就会压抑男人对你的爱，他会变得心神不宁，他以为你不在乎他，于是他就会更加热烈地表达对你的爱。反之，如果你每次都顺从男人的意思，男人对你的兴趣就很容易变为平淡。总之，你不要让男人感觉你很容易追到手。

第 3 招：保持独立，不要让男人主宰

当你和某个男人开始恋爱时，不要让他觉得你的心已经被他牢牢占据，而要让他认识到和你交往，只不过是一件平常的事情。这样做的目的是为了向他表明，他并没有掌控你的关系，你依然属于自己，你依然是独立主宰自己命运的人。为了更好地实施这个战略，你可以拒绝他的一些邀请，然后在他的追问下，你故作神秘又轻描淡写地告诉他你最近的安排。

若即若离的、不紧不慢的你会给他造成心理压力，他明白必须马上行动才能把握住你，否则，你很有可能就和他说"bye bye"了。记住，即使你非常喜欢他，也不要丧失自己的独立空间，也不要被他主宰。这样男人才会迷恋你。

第 4 招：当着你男人的面，和别的男人攀谈

为什么要这样做呢？目的很简单，就是激发男人的醋意。女人千万不要以为只有女人才吃醋，其实男人一样容易吃醋，只是很多时候，女人没有给男人吃醋的机会而已。比如，你可以当着男朋友或老公的面，和别的男人谈笑风生，男人见到你这样，一定会马上紧张起来，以为自己的魅力不及那个男人，他甚至会想尽办法把你的注意力吸引到自己的身上。这样一来，他就被你掌控了。

## NO.5 ↘甜言蜜语：永不过时的情场法宝

每个女人都希望男人对自己甜言蜜语，其实男人同样希望女人对自己甜言蜜语。作为女人，对你的男朋友或老公适度地赞美，偶尔散发出崇拜的眼光，或半开玩笑式地说："哎哟，你怎么这么出色啊！"绝对会让男人全身酥软，内心暖洋洋的。甜言蜜语就像在嘴巴上抹了蜜。对男人而言，甜言蜜语也是最实用的糖衣炮弹，保证男人乖乖就范。

有句话说得好："在每个成功男人的背后，都有一个成功的女人。"美国爱荷华州立大学的研究人员研究发现，女人更倾向于施展"言辞"的威力，而男人更容易屈服在女人的言辞之下。这里所说的言辞，其实是指甜言蜜语。因为只有温柔的、情意绵绵的言辞，才能让男人心满意足地臣服。

对女人来说，讲"甜言蜜语"是一种比较突出的能力，这种能力会让女人的爱情、事业和生活充满阳光与希望，会让男人更加喜爱自己。所以，女人完全有必要打破旧观念，多对男人说一些甜言蜜语，以此激发男人的信心和斗志，增强男人对自己的好感。这对男人、对女人、对家庭来说，都是有益无害的。

当你和老公去参加朋友的婚礼时，在路上你可以对老公说："新娘特别漂亮，我可是自愧不如。不过呢，新郎可没有我老公帅。"如此一来，你的老公在婚礼中肯定不会喝多，因为他要维护在你心目中的良好形象。

当你想去逛街，又找不到伴时，你不妨对老公说："老公，今天我有空，正好你也有空，不如我陪你去逛街，给你买几件衣服，把你打扮得帅帅的吧！让别的女人都羡慕我有这么帅气的老公。”说话的时候你露出一脸幸福的笑容，不用说，你老公肯定会陪你去逛街，满载而归的还是你。

当你不想做饭时，不妨对老公说：“亲爱的老公，我最近特别累，压力好大哦，晚饭都不想吃了，你自己去外面买点吃的吧，别管我了。”然后用可怜兮兮的眼神注视老公10秒，保证老公会自觉地去给你做饭。做好饭之后，他甚至还会对你说：“老婆，你辛苦了，我喂你吃吧！”

看到了吗？这就是婚姻生活中的甜言蜜语，它是增进情感的重要手段，是感情交流的有效途径，也是调节乏味婚姻生活的重要方式。

现实中，有些女人认为，结婚了老公就是自己的，再也跑不了了，我爱关心他就关心他，不爱关心也没什么关系。如果你也是这么想的，那么就大错特错了。要知道，婚姻是需要经营的，家庭是需要用心维护的。如果你和老公讲话的时候无精打采的、直来直去的、缺少人情味，就很容招致老公的反感，于是他也会对你表现出冷淡。如此一来，婚姻生活岂不是变得冰冷无味？还有什么幸福可言呢？

很多男人爱上一个女人，是因为女人可以让自己变得更完美。当一个女人能用甜言蜜语让男人变得更加勤劳、更加能干、更加踏实、更加进取、更加自信、更加开心、更加宽容、更加体贴时，这个男人就完全落入女人的掌心了。这个时候，女人说什么，男人岂有不听的道理呢？

那么，在说甜言蜜语的时候，要注意什么技巧呢？下面几招你不妨试一试。

秘诀1：给男人起个“爱称”

恋人伴侣之间，几乎每个人都会给对方起一个饱含深爱的称谓。

许多调查表明，那些备受男人疼爱的女人，往往善于给男人起“爱称”，这些爱称是打动男人心的好帮手。男女之间因为感情加深而有爱称，因为爱称而进一步增进感情。

有个男人的妻子回娘家了，妻子不在家的那几天，男人没事的时候就在屋里晃悠，自言自语地说：“现在谁叫我‘小狼狗’呢？”原来，他的老婆喜欢叫他‘小狼狗’。每次他下班回来，老婆就会大声说：“我的‘小狼狗’回来了！”男人总会笑着说：“别闹了，你这样叫我很难为情的。”其实，男人很爱这个称呼，因为这是老婆给自己的爱称，它具有独一无二的深意。

作为女人，要善于运用爱称。当男人懒惰时，女人的一句爱称能让男人马上行动起来；当男人严肃时，女人的一句爱称能让男人马上放松下来；当男人欲发火时，女人的一句爱称能让男人展开笑颜；当男人取得小成就时，女人的一句爱称能进一步激发男人的自豪感。

秘诀2：在枕边低声耳语

枕边耳语，既可以增进恋人伴侣的感情，又可以潜移默化地影响对方的思维。枕边耳语的内容包括恋人伴侣间温存的话语，也有女人的唠叨，还有彼此会心的交流，以及对生活琐事的商讨。枕边耳语，你可以把一天中最快乐的事情告诉男人，让他分享你的快乐；你还可以把值得回忆的往事告诉男人，让她感受你的过往人生。枕边耳语，是夫妻间最温情的时刻，也是男人最放松的时刻。

不过，有一点千万要注意。有些女人枕边耳语时，经常埋怨家庭琐事，或在丈夫面前说婆婆的不是，或审问丈夫一天的行踪，可疑的行为。比如，“累死了！我啊，真是命苦，在家里就像保姆一样，你倒好，回来就有饭吃，吃完就啥也不管了！”“你妈真烦，一点都不讲卫生！”“你刚才接了谁的电话？”如果女人经常在枕边跟男人说这些，男人可能含恨入眠，或者携枕出走、夜伴噩梦。

秘诀3：说话要有温度，多一些好听的

甜言蜜语是女人的拿手好戏，说的时候一定要倾注感情，说得情真意切，让男人相信你是发自真心的。多对男人说一些感激的话，安慰的话，鼓励的话，体贴的话，会让男人觉得你特别温柔可爱，特别值得疼爱。反之，总是说一些不好的事情，语气很直、很冲，时间长了，男人肯定会厌烦。总之，要想占有男人的心，要想维持好恋人伴侣的情感，说话就要有温度。要维持感情的热度，语言就要有热度，所以还要增加一些感激、安慰、鼓励和体贴的话。

秘诀4：向男人表达亲昵的姿态

甜言蜜语可以是无声的，比如，抱着男人的脖子，拍拍男人的肩膀，搂搂男人的腰等，这些亲昵的动作，可以很好地向男人传达爱慕之情，其效果甚至超过“我爱你”、“我喜欢你”、“我想你”等话。

## NO.6 ↘暧昧恰到好处，才能赢得男人心

渴望得到异性的爱，这是人类的本能。每个女人都渴望得到男人的爱，为此“绞尽脑汁”、“机关算尽”。比如，穿漂亮的衣服，化精致的妆容，戴夺目的首饰，保持性感的身材等等，一方面是为了自己，另一方面其实是为了赢得男人的心。女人漂亮的容颜、高挑的身材，天生都是为了俘虏男人的心而存在的。可以说，女人的事情丝丝缕缕都与男人脱不了关系、割不断牵系。

然而，男人的心有那么好俘虏吗？爱情有那么唾手可得吗？现

实中的爱情远远不如我们想象的那么简单。当你渴望从男人那里得到温暖时，你可能被烈火灼伤；当你渴望得到男人的关心时，你可能被男人忽视，你的心掉入寒冷的冰窖。

面对这些不如人意的地方，聪明的女人应该努力成为一枝带刺的玫瑰，既要羞答答地开放，又要带着暧昧的情怀开放；既要表达出对爱情的渴望，又要防止给别人留下轻浮的印象。如此一来，女孩就有必要学会释放暧昧。这是最令男人着迷的一种美妙状态。这样会令爱你的男人兴奋不已，让不爱你的男人识趣地走开。

不过，你要记住的是，暧昧的目的不是玩弄男人对你的好感，而是为了通过暧昧来寻找对你感兴趣的男人，然后悄然无声地吸引他，占有他的心。暧昧也是为了给爱情一个缓冲，给自己留一条退路，这样会让男人更加尊重你，倾慕你。那么，到底该怎样释放暧昧呢？下面介绍几条计策。

计策1：恰到好处地赞美男人

每个人都渴望被赞美，男人当然也不例外。对于心仪的优质男，你不妨多几句赞美，这会让他觉得你是一个欣赏他的人。当然，要控制好赞美的尺度，不要太过频繁地夸奖，否则他会觉得你是在奉承，并没有说真心话，是在有目的地讨好。你要做的就是适当地称赞，让他感到有成就感，心情自然变好，对你的感觉也会越来越好。

计策2：细微动作挑动情欲

女人在白天聪明美丽，在职场上叱咤风云，在男人面前一本正经。到了晚上，女人不妨把自己这些外在的面具摘下来，让自己变得傻一点，变得随性一点，这样你会感到更加轻松。尤其是在与男人约会的时候，女人更要学会适当地装傻。

一般说来，在约会的时候，语言沟通比较清楚，不容易产生误解。但正因为太清楚直接，有时候难免会破坏约会的气氛。因此，恋人或伴侣之间可以多采用非语言的方式沟通。比如，你可以轻轻触碰对方的手背，漫不经心地踢一下他的脚，看似不经意地回眸一笑。这些细微的动作胜过千言万语，更容易挑逗男人的情欲，让男人的内心防线不攻自破。

在这里，要特别介绍一个暧昧小动作，你不妨学一学。你可以在男人面前慢慢地弯腰捡东西，相隔不要太远，大约在1.5米左右。千万不要小觑这个动作，要知道，它能充分表现你的性感，而且带有那么一点诱惑。尤其是在夏天，男人肯定会为你这个暧昧动作而倾倒。到底男人能否受得了你的“诱惑”呢？那是他的事情，与你无关。

计策3：借用细弱柔光表达暧昧

这一计策适用于关系很深的情侣或夫妻之间，比如，把房间的灯光换成细弱的柔光，灯的颜色可以是粉红色的，也可以是浅蓝色的。总之，要带有那种朦胧的美感，便于营造浪漫的气氛，渲染情调。你可以站在房间的某个地方，让他细细地打量你的身体。在若明若暗的灯光下，你的身体充满了神秘感，而男人的探索欲望早已悄悄燃起。借助于灯光等道具，你们的爱开始升温，你们的感情渐渐升华，最后变成永恒的幸福。

计策4：烛光小酌

红酒是诠释爱的最好载体。在忙碌的生活之余，你可以时常和男人小酌一杯，在烛光下诉说衷肠，回忆美好的爱情往事，畅想无限美妙的未来，这种浪漫哪个男人能抵挡得住呢？

最后，要提醒女人的是，暧昧要恰到好处，才能显得高贵而华美。如果过分暧昧和挑逗，就变得低俗不堪了。至于如何掌握暧昧的尺度，这要靠你自己去把握。你可以结合那个男人的接受程度、与你关系的亲密程度来定。

## NO.7 ↘过度地迎合男人是不幸的开始

爱一个人就要为他付出一切吗？结婚了，就要任劳任怨、一味顺从丈夫吗？你为了怕失去爱情而迎合男人吗？你害怕孤独所以委曲求全地不想分手吗？你在爱情和婚姻中有自己的主见吗？对于这样的问题，如果你的回答是肯定的，那么你将有一个不幸的爱情婚姻，你将由此失去自己，失去你内心所渴望的快乐。

现实中，不少女人一经恋爱、结婚，就会自然而然地成为男人的绝对拥护者，男人说一，她从来不二；男人要求她辞掉工作，在家做全职太太，她会顺从；男人说“我要喝酒，你给我买瓶酒去”，她会选择服从；男人说“我打麻将的时候别吵我”，她会选择听从……女人天真地以为迎合男人就是爱男人，以为迎合男人，男人会更爱自己，结果呢？结果女人失去了自我，失去了男人的爱，变得越来越不幸。下面这个故事就是典型的因为过度迎合男人造成的婚姻不幸。

赵女士对生活的要求不高，结婚之后，只想相夫教子，经营好家庭和婚姻。然而，她的老老实实的付出，却没有换来想要的幸福。这到底是怎么回事呢？原来，赵女士太老实了，太顺从丈夫了，没有自己的主见。

赵女士的丈夫是她的初恋，从谈恋爱到结婚，她一直迁就丈夫。丈夫是个大男子主义者，他说的话有一种叫人不能反抗、永远都是“他对你错”的气焰。赵女士有自己的想法不敢表达，因为只要表达，丈夫就会有一万个理由把她驳倒。于是，她乖乖地把内心细腻的感受和对丈夫的一些情感需求收藏起来。她想：反正丈夫要求的我能做到，迎合他也是我的成就，这是爱的表现。

渐渐地，赵女士养成了迎合丈夫的习惯，无法戒掉。丈夫不喜欢她的工作，于是她就不工作了，在家带孩子；丈夫不喜欢她见朋友，于是她就一个朋友都不见，为此她渐渐失去了一切朋友；丈夫不喜欢她上网，怕她上网学坏，于是她就不上网；丈夫脾气很坏，一旦工作上有不愉快，回来后就拿她身体发泄，强暴地脱下她的衣服，她居然没有一丝反抗……

对于这些不如意的事情，赵女士感到内心充满抑郁。因为积怨太深，赵女士想和丈夫交流一下，可是丈夫却认为她没事找事，把她大骂一顿。久而久之，赵女士无法忍受丈夫的粗鲁和暴力，她想离婚，想逃离苦海。但是由于有孩子的牵绊，又加上内心的不舍，害怕离婚之后孤单，于是她就这样一直委曲求全地将就着。

在家里，赵女士不但迎合丈夫，还迎合公公婆婆，以为这样做就能让他们满意。但是她得到的全是失望，她的内心充满了伤痛，却无人诉说。她感觉生活在炼狱里，感受不到一点快乐和幸福。

我们不否认恋爱、婚姻生活中需要迁就和妥协，但是这种迁就和妥协是相互的，也是有尺度的。对于原则性的问题，女人应该有自己的主见和观点；对于男人频繁的要求，女人应该有选择地说“不”。千万不要认为爱男人就要迁就他，就要为他改变，这是极其老实而愚蠢的想法。这种想法给女人带来的除了不幸，还是不幸。

在上面的案例中，赵女士的痛苦似乎是注定的。因为她太过于迎合老公，由此她失去了工作，失去了经济的独立，失去了朋友，失去了娱乐的方式（上网）。当然，最根本的是她失去了一个女人应有的尊严，失去了丈夫的关心、体贴和爱护。这对女人而言，还有什么比这更可悲的吗？

所以，女人千万不要太老实，不要为了男人而活，而要为自己而活，要活出自己的本色，这才是对自己生命的最大尊重。一个女人只有先尊重自己，才有可能被男人尊重，被男人重视。相信这句话，勇敢地对男人不合理的要求说“不”，而且要大声地说出来，义正言辞地捍卫自己的尊严，做一个坚强勇敢、自尊自爱的女人。

## NO.8 ↘美貌让男人停下，智慧让男人留下

你的相貌出众吗？你曾经为自己没有骄人的美貌而自卑过吗？你认为世界上的男人都喜欢美女是吗？如果你是这样想的，那么你就错了。因为女人的美貌虽然可以吸引更多男人的关注，但那只是短暂的。要想男人永远留下，女人必须有征服男人的智慧，这才是长久的。

作为女人，如果你想让男人对你死心塌地，真心真意陪伴你一生，那么你就必须有独特的魅力和内涵。就像战国时期的钟离春那样，虽然她是众人公认的“丑女”，但是她却被齐宣王娶回去并封为王后。这并不是因为齐宣王天生爱丑女，而是因为钟离春是一个有内涵、有魅力的女人，是齐宣王的贤内助，因为有她的辅佐齐宣王的事业才会蒸蒸日上。

钟离春的受宠告诉女人一个道理：只有有智慧的女人，才能让男人终生留下；只有有智慧的女人，才能受到男人的重视，被男人视为心肝宝贝，一生一世疼爱。

不知道你是否听过《一千零一夜》的故事：

每个女人都想成为国王的女人，都有机会和国王过一晚上。但是哪怕再国色天香的女人，国王都会心生厌倦，然后被毫不吝惜地杀掉。无数的美女都成了刀下鬼，只有一个特别的女人幸免。这个女人每天晚上给国王讲一个故事，听得国王乐此不疲。讲到一千零一夜时，国王终于意识到这个女人是自己的终生伴侣，于是娶了这个女人。

这个故事告诉我们两点：第一，喜新厌旧是男人的本性，再美貌的女人，男人也会有审美疲劳的时候。因此，男人和你风流快活的时候是一回事，是否愿意娶你，娶你之后是否用心对你，又是另外一回事；第二，女人要想长久地吸引男人，永远留住男人，靠的不是美貌，而是智慧。因为美貌的女人只能让男人风光一时，但智慧的女人会让男人快乐一世。

女人要认识到，男人是视觉动物，男人喜欢关注美女，也容易被美女吸引甚至诱惑，但那只是一时的。任何一个女人都不要指望用自己的美貌诱惑一个男人一世，因为美貌是会随时间流逝的。

女人还要认识到，男人是娶老婆，看重的是女人给自己的感觉，看重的是这个女人能否让自己感到舒服。因此，如果女人只有视觉上的耀眼，却没有感觉上的愉悦，男人是不会为女人停留的。

用一个形象的比喻来说，漂亮的女人就像街头的广告牌，看起来很耀眼，但仅仅用于欣赏。而智慧的女人则像贴心的小棉袄、温暖的被窝、安稳的房子。因此，任何一个理智的男人都会为有智慧的女人而停留，对于漂亮而智慧的女人他们至多选择“短线交易”，而不会做“长线投资”。当然，如果你既美貌如花，又智慧过人，那就再好不过了。

生活中，不少结了婚的女人总是抱怨男人这不好、那不好，指责男人见异思迁，感叹男人不像恋爱时那么爱自己。不可否认有男人的不对，但作为女人，她们也应该扪心自问：我除了年轻貌美这个外形之外，是否还有丰富的内在呢？我是否是一个体贴、温柔的妻子呢？我是否有让老公欣赏的地方呢？

女人要明白，如果你想成为男人的心上人，就要不断增加自己的吸引力，努力发挥自己的个性优点，收起那些招人烦的缺点，让自己看上去尽可能地完美，尽可能让男人感受到你身上的那股独特的魅力。那么，从单身到已婚这整个过程中，女人该怎么做才能表现出智慧和魅力，永远地留住男人的心呢？下面有一些非常实用的智慧法则，值得你借鉴：

智慧法则1：不要过于在意男人对你外在的评价

有个女人相貌较好，她特别在意男人对自己外在的评价，为此，她在穿着打扮方面投入了大量的金钱，但却过着入不敷出的生活。有时候为了买一套化妆品，她宁愿吃上一个星期的方便面。在公司里，任何一个男人只要稍微对她冷淡一点，她就马上察觉到了。在饭桌上，男人夸她几句，她就能笑得前仰后合。在女人面前，她极富攻击性，因此，女人缘特别糟糕。

就是这样一个女人，虽然外表光鲜，也吸引过不少男人的关注，交过不错的男朋友，但是和她交往的男人几乎都是冲着她的美貌去的。玩腻了、玩累了，就拍屁股走人。而这个傻女人压根儿就不知道自己为什么被抛弃，以为自己的外表不够好，却不知是自己内心贫乏。

作为女人，真的没必要过于在意男人对你外在的评价。你应该快乐地做自己，在男人欣赏你外貌的同时，你尽可能地展现出内在的魅力和智慧，只有这样你才能寻觅到真正珍惜你的男人。

智慧法则2：守住最后的防线并适度保持神秘感

男人是冲动的动物，恋爱时会挖空心思表现得浪漫、阔绰，如果你在他的花言巧语和鲜花礼物的追求下昏了头，你就可能失去自己。所以，女人一定要守住最后的防线，不要让男人轻易得到自己。因为太容易得到的东西，男人是不会用心去珍惜的。另外，女人还要保持神秘感，对男人若即若离，让男人销魂荡魄，这样你才具有神奇的吸引力。

智慧法则3：请闭上女人的“刀子嘴”

有些女人在朋友、同事面前彬彬有礼，可是回到家里，卸下女人的妆容，就把骨子里的刻薄表现出来了。原本应该对男人温柔关怀，但女人却对男人恶语相加、冷嘲热讽，什么话损人就说什么话。这种状况不仅是外人难以理解的，就连女人回想起自己对老公说的话，也常常会吃惊不已：我太冲动了，当时那样说，我是为他好，我是刀子嘴豆腐心啊！

俗话说：良言一句三冬暖，恶语伤人六月寒。女人虽然是“豆腐心”，但是“刀子嘴”太伤人了。男人每天在外面忙碌，回到家里还要忍受语言上的攻击，真的伤不起啊！所以，聪明的女人要收起“刀子嘴”，多对男人说些体谅的话，关心的话，男人才会心怀感激和感动。

智慧法则4：给男人面子，别轻易揭他的“短”

俗话说：打人不打脸，骂人不揭短。夫妻相处，难免会开玩笑或争吵，但无论如何，都不要轻易在众人面前揭男人的“短”。女人要懂得维护男人的面子，所谓“背后相夫”，男人有不对的地方，女人可以在私下里提醒她，而在众人面前，要给足男人面子，这样男人活得才有尊严。

智慧法则5：做一个善解人意的女人

无论你的相貌是否美丽，都要努力做一个善解人意的女人。因为最让男人痴心的绝对是很懂男人的女人，没有哪个男人能低挡得住女人的善解人意。女人善解人意，会让男人活得轻松，会让男人越来越体贴，会让男人越来越依恋女人。比如，当男人心情不好时，女人要主动倾听、开导、安慰男人；当男人遭遇挫折时，要记得给男人鼓励；当男人遇到困难时，要努力做男人的支持者。这样的女人就像一片静静的港湾，可以让男人永远停靠。